创造美好场所

以健康与幸福为导向的循证城市设计

CREATING GREAT PLACES

Evidence-based Urban Design for Health and Wellbeing

[澳] 德布拉·弗兰德斯·库欣（Debra Flanders Cushing）
[新西兰] 伊冯娜·米勒（Evonne Miller） 著
邵钰涵 殷雨婷 译

同济大学出版社 · 上海

Creating Great Places: Evidence-based Urban Design for Health and Wellbeing, 1st Edition / By Debra Flanders Cushing, Evonne Miller / ISBN: 9780367257460

总　序

健康幸福的生活是人类永恒的追求和所有规划设计的终极目标。“山清水秀、地灵人杰”的古训，中国五千年人居环境的优秀传统，在尚未得到当今现代科学技术的理解证明之前，就已被城市化大潮中的人们所遗忘。与健康幸福紧密关联的人居环境，在大相径庭的价值取向上呈现出千差万别。在着手设计之前，价值目标需要选准，这决定着我们规划设计的生死兴衰。

人类生存环境与人类社会发展、场所环境及美丽人生究竟有多大的关联，迄今为止仍属不为人知的未解之谜，为此，在现代发展起来的人居环境科学正在深入各个领域。以数十、上百年的时间和数十公顷至数百平方千米的规模，展开1:1科学实验，虽力不从心，但也时不我待。从原野、乡村、城市人居环境的规划决策到场所、社区、空间的设计营造，需求无时无处不在，解决问题刻不容缓。面对众多未解之谜和问题，需要“摸着石头过河”的方法和坚定不移探索的勇气。

“景观理论译丛”书系基于可持续的景观规划、循证的且不断调整的城市设计等，带领读者开展了一系列规划设计的新探索。美好的场所并不会凭空出现，它们是被人类创造出来的，这就是规划设计师职业生命的意义。对此，阳光的心态、理性的思考、智慧的寻求，对于规划设计师来说尤为重要，本书系的作者们为我们做出了先行一步的榜样，为人居环境科学的体系建设增添了构建基石。

感谢“景观理论译丛”的译者们，他们以敏锐的感知引介了当下的学术前沿。一批犹如早上八九点钟太阳的年轻学者，照亮了充满挑战的学术未来，我为他们在学术上的探索追求和不懈努力而信心倍增。热烈祝贺他们出色地完成了这一系列丛书的翻译！初步实现了将深厚的人居环境科学与景观感应理论付诸社会应用实践的转译和科学思想的普及传播。

2022年7月于上海

创造美好场所

本书为创造美好城市场所提供了大胆的畅想和实现路径。想象并设计出能让所有人健康、幸福生活的城市环境是一项非同寻常的任务。库欣和米勒通过书中引人入胜的叙述提醒我们，理论是完成这一任务的奠基石。本书借鉴了国际研究、图文并茂的实例分析、个人经验，以及从历史和流行文化中精心挑选的案例，希望为读者提供灵感、指引和工具。本书分为两个部分：第一部分概述了当代城市设计的六大关键理论——可供性（affordance）理论、瞭望–庇护（prospect-refuge）理论、个人空间（personal space）理论、地方性 / 场所精神（sense of place/genius loci）理论、场所依恋（place attachment）理论以及亲自然设计（biophilic design）理论。第二部分中库欣和米勒利用她们独创的“理论风暴”方法，向设计师展示了如何设计出具有包容性的、可持续发展的、有益健康的美好场所。《创造美好场所》是一本非常有见地的、令人信服的循证类学术著作，适用于那些致力于设计鼓舞人心的城市环境、积极改变人们生活的读者群体。

德布拉·弗兰德斯·库欣（Debra Flanders Cushing）是澳大利亚布里斯班昆士兰理工大学（QUT）设计学院景观系副教授。在投身于教学和学术研究之前，库欣曾是一名在景观和社区规划方面拥有丰富知识的设计师。她呼吁各个学科领域的设计师使用循证（evidence-based）设计方法，创造有益于人们（尤其是儿童和青少年）健康与福祉的公园和其他城市环境。

伊冯娜·米勒（Evonne Miller）是澳大利亚布里斯班昆士兰理工大学设计学院的教授和设计实验室主任。由于她的专业背景是环境老年学和设计心理学，其研究重点是设计可持续的、包容性的以及老年友好性场所。米勒在城市设计、人口老龄化、气候变化与可持续发展等领域发表过大量学术文章，提倡以创意艺术为基础的参与式研究。

目　录

作者简介

德布拉·弗兰德斯·库欣（Debra Flanders Cushing）是澳大利亚布里斯班昆士兰理工大学设计学院的景观系副教授和空间学科主管人。库欣是景观设计、儿童和青少年友好社区规划方面的专家，在其教学和学术研究生涯开启前，她曾经在各类设计实践中担任设计师。目前已成为副教授的库欣研究领域主要集中在全龄公园的体育活动和社会参与上，推动用游戏化的方式促进儿童与大自然的感官接触，提高公共空间中公共艺术的可供性。多年来，她向设计和规划专业学生传授环境行为学理论知识，并且经常把这些理论纳入工作坊和研讨会的项目中。库欣热衷于在多学科中使用循证设计，关注环境能够更有益于所有人的健康与福祉的方法，尤其重视那些在某些方面处于弱势的群体。

伊冯娜·米勒（Evonne Miller）是澳大利亚布里斯班昆士兰理工大学设计学院教授和设计实验室主任。米勒原专业是实验社会心理学，专长为环境老年学和设计心理学。米勒目前的研究重点是探索如何设计能够支持所有使用者的环境，包括建成的、技术的、社会文化的和自然的环境，并在使用者上重点关注养老院的老年群体。米勒在城市设计、人口老龄化、健康与幸福、气候变化与可持续发展等领域发表了大量的文章，此外，她还倡导基于创意艺术的参与式研究。米勒是澳大利亚老年学协会（Australian Association of Gerontology）会员，也是澳大利亚老年友好性场所组织（Places for Ageing Australia）的创始成员之一。这一组织是一个由设计师、教育工作者和养老机构组成的团体，旨在推动老年友好性场所设计的研究、创新和实践优化。

前言：为什么要循证设计？

美好的场所并不会凭空出现，它们是被创造出来的。

美好的场所是精心规划设计和果断行动的结果，融合了富有想象力和逻辑性的思考，以及设计师对场地的现状及未来的把控能力。场所营造的过程在很多方面都类似于下棋，比如广场设计可被比作设计大型户外象棋盘，为跨代群体提供了参与和观看的活动机会。正如一位国际象棋大师会留心观察整个棋盘，一个优秀的设计师也会对整个场地进行考察：思考其独特的历史、社会文化和环境背景，以及其中存在的任何潜在的机会、惊喜和挑战。象棋游戏就如设计过程，每一步都有预示着成功的明确范式、路径和可能性，但也需要根据不断变化的状况进行调整。因此，象棋的取胜和设计的成功都是艺术与科学的精确配合。创造使人幸福生活的场所，设计师除了需要有极具想象力的探索精神和创造性的洞察力之外，还需要使用循证的科学方法，即对理论、研究和实验的严谨分析。

在《创造美好场所》一书中，我们认为设计师需要用批判性设计理论和相关研究证据的综合知识来武装自己，从而做出明智的设计决策。无论是公交候车亭、游乐场、街道交叉口、城市广场还是养老设施的设计，每一个设计决策共同作用，决定了一个地方给人的体验是积极的、令人难忘的还是平凡的、容易遗忘的。试想一下，那些日常工作、生活和娱乐的场所，以及那些你可能参与设计的场所，是什么让它们变得特别，抑或是平淡无奇？人们是否对其进行调整、改造或更新？它们是否可以在一开始就能被设计得很好？

想象并设计能让所有人幸福生活的场所是一项非同寻常的任务。它要求建成环境领域的专业人士——设计师、城市规划师、建筑师、景观设计师、开发商、决策者，更深入地参与设计过程，并通过理论的视角来进行审视。如果你是一名设计师，不妨问问自己，你有多少次明确地将可供性或亲自然本能的原则融入你的设计实践中？你是否形成了持续的设计实践和反思的闭环？你是否给委托方发去反馈调查，促使他们考虑和讨论基于循证方法的最佳路径，比如可持续性设计、老年友好性设计和儿童友好性设计？当代城市设计的实践越来越需要一个过程，以确保设计出的场所能更好地满足当地使用者的需求，并在城市规划和城市发展中听取不同的，来自儿童、青年人、中年人、老年人的声音。那么，从理论视角和循证实践出发如何？只有当设计的艺术和科学完全融入实践中时，我们才能创造出美好的场所。这些场所能够激发、鼓舞和触动人们的灵魂，并积极地改变人们的生活。

场所的力量

创造美好场所是应对当代城市诸多挑战的关键一环。目前，全球肥胖症、癌症、注意力障碍、抑郁症和痴呆等各种病症患病率持续增加，人们的生活质量受到严重影响，政府、组织、非营利机构、个人以及他们的家庭正在花费数十亿美元来缓解或解决这些问题。事实上，本书第二部分中所讨论的重要议题——健康本源设计、儿童友好性设计、老年友好及包容性设计，以及可持续设计，都是对这些广泛存在的挑战的积极回应。但在讨论这些挑战时，人们往往忽略了优质场所的积极影响——设计这些优质场所是为了让人们能够实现健康生活的目标，不仅有助于预防潜在的健康问题，还能使人们的日常生活更加幸福。

幸运的是，研究者、规划者和决策者已经意识到设计环境和场所的重要性，意识到美好的场所和环境设计确实能让人们拥有更为健康的生活方式。世界卫生组织（World Health Organization，WHO）将健康定义为“不仅仅是免于疾病或缺陷的威协，而且是处于一种完满的生理、心理及社会适应性状态”（WHO，2017）。这种完满状态是健康本源（salutogenesis）概念的基础，即环境应该促进健康，并且重视人们的健康问题，对于任何潜在的风险应该采取预防措施，更不能放任不健康的行为和疾病的发生。第 7 章中详细讨论了健康本源设计，不但结合心理一致感（sense of coherence）的概念解释了人们如何通过感受和理解他们所处的环境，进行有益健康的活动，还讨论了场所营造的原则，即让人们能够享受（并受益于）日常生活的场所。

生理、心理和精神健康与生活、工作和娱乐休闲的环境之间存在许多联系，其中有一些相对显而易见。例如，设置自行车道和人行道可以促使更多的人以骑行、步行、跑步的方式来休闲或通勤；类似地，在阳光充足的地方设置遮阳构筑物则有助于提高环境热舒适性，防止人们晒伤；对工厂和工业建筑进行污染限制可以直接改善空气质量，减少哮喘和呼吸道疾病发病率。然而，还有很多其他环境设计干预对健康的直接影响较少，而间接的影响则需要较长时间才能显现出来。如：癌症或过度肥胖等严重的病症，往往需要多年才能显现出来，因此更难确定其原因。虽然我们需要进行更多的纵向比较和实验研究，以充分了解环境设计如何影响健康，但迄今为止已有大量令人信服的证据表明，我们再也不能忽视环境问题对健康带来的不利影响。这并不是一道选答题。

如今，很少有人质疑吸烟与肺癌之间的相关性。但这种相关性的普及需要以数十年的研究为支撑，并持续向公众、卫生部门和决策者传达。至于如心理健康和压力来源这样复杂的问题，目前仍需要更多的证据来帮助我们充分理解它们与缺乏自然体验有何联系。鉴于越来越多的证据证实了自然对减轻人们压力的益处，那么提倡并进行高质量的设计以最大化这些益处就是很重要的。设计美好场所是解决许多社会负面问题的答案——从气候变化到重新联系分裂的社区，再到对快餐食品的过度依赖和缺乏运动的生活方式。值得注意的是，正如戈德哈根（Goldhagen，2017）所提醒的：我们仅有一次机会去完成好的设计——创造能让人们健康生活的建成环境，让年轻一代放下电子产品，走进户外公共场所、锻炼身体和参与社会互动，这将有助于发展对人类健康与幸福非常重要的社会资本纽带：

> 新的城市区域、公园或建筑一旦建成，很可能比每一个设计和建造它的人都要长寿，它也会比那些编制和裁定法规生效的人寿命更长。在那些委托设计和投资建设的人去世后，它还会被继续使用……每一种要素——建筑、景观、城市区域、基础设施，其设计目的都应该是让我们过上幸福的生活。
>
> （Goldhagen，2017：269—272）

推广循证设计实践

时至今日，建成环境学科仍然非常注重实践。学生攻读景观规划设计、建筑学、城市设计和规划等学科的学位，主要目标是获得专业认可和习得职业技能，以创造美好的场所。建成环境学科的学位课程，例如景观设计，侧重于学习能够解决场地问题的实践技能，虽然很有价值，但也会一定程度上限制专业知识的发展（Thwaites，1998）。其他学科，如医学、地理学、心理学和社会学，已经从实践发展到循证方法研究，建立了更具体的理论基础和研究手段。医学曾经建立在完全零散的信息联系和职业操守的基础上，但现在它完全依赖研究和试验发展，以确保其科学、安全且符合伦理。如今，设计学科也在经历着类似的过程。本书集中介绍了分别起源于地理学、人类学、社会学和心理学的六种核心理论，我们认为这些理论应成为当代设计教学和实践的基础。因此，我们将其称为设计理论以表明它们对设计实践的重要性。

建成环境专业人员主要负责设计我们生活、工作和娱乐的物理空间，但他们并不完全依靠研究和理论进行设计决策。有些设计师仍然依靠直觉、零散的信息以及他们的创造力和专业技能来设计好的场所。有时，这些就是设计美好场所需要的全部条件了，最终的结果对目标使用者来说可能是非常成功的。事实上，世界各地这样的例子数不胜数，其中最具有影响力的案例之一是 1857 年由弗雷德里克·劳·奥姆斯特德（Frederick Law Olmsted）和卡尔弗特·沃克斯（Calvert Vaux）设计的纽约中央公园，它证明了这些为设计做出贡献的人所具有的非凡创造力和设计技巧。虽然他们考察过人们的需求，也学习过景观设计和建筑学，但他们并没有利用循证研究的方法为自己的设计决策提供依据和支持。

然而，其他公共空间的设计往往却不那么成功。有无数的经验表明，很多场所并没有得到充分利用，还滋生了犯罪活动，或是无意中助长了久坐不动等不健康的生活方式。就连中央公园也曾经历过因年久失修、荒废而成为犯罪发生场所的时期。幸运的是，如今它是一个设计精良的公园，为城市居民提供了锻炼身体、呼吸新鲜空气的机会，也使居民在自然环境中得到放松、减轻压力，鼓励他们与朋友和其他家庭进行互动交往，使人们了解当地艺术与历史，让他们在繁忙的城市环境中得以健康生活。

在我们反思设计过程、研究导向设计以及循证设计的重要性时，有三个关键问题需要注意：

第一，设计项目的研究过程往往是非正式的、不系统的。大多数建成环境项目在设计过程的多个阶段中都会进行不同程度的研究，包括问题识别、使用者需求分析和场地分析。然而这些信息往往只针对单一项目场地，以严谨或不严谨的方法收集，这些方法既要遵循传统的研究方案，同时又要遵守研究的伦理要求。在设计过程中进行的研究可能会极大依赖客户和设计师所拥有的零散信息，而这些信息往往是非正式的，因此有可能出现片面和不准确的情况。设计的品质只取决于设计决策的投入。因此，专业设计需要更明确地与已有研究和循证理论相结合，有时是因为设计师受到有关研究方法的专业训练较少，有时是他们不愿意这样做，因为他们担心强调研究和科学性可能会如汉密尔顿和谢普利所说的那样“破坏设计过程的艺术”（Hamilton and Shepley，2010）。

第二，当设计师或相关的专业人员倡导特定的方法时，会在研究和实践方面对专业造成决定性的、长期的影响。例如，许多景观设计师受到伊恩·麦克哈格（Ian McHarg，1969）的作品及其系统性地图叠加法[1]的影响，将其用于场地状况与特征分析。尽管麦克哈格的方法具有开创性意义，但也不免受到批判——有人认为地图绘制本身就具有主观性，因为是由地图绘制者确定一些信息要素是否要包含进去。现实情况是，地图叠加法的好坏取决于收集到的数据，而这些数据可能存在缺陷或者被错误地解读。此外，设计研究者与实践工作者经常在不同的地方进行交流、写作和发表文章。汉密尔顿和谢普利谈到一个具有代表性的建筑事务所的图书馆会有诸如《建筑实录》（*Architectural Record*）和《景观建筑》（*Landscape Architecture*）这样的期刊（Hamilton and Shepley，2010），但这些期刊上很少发表研究性论文；同时，设计研究人员在学术期刊上发表文章，如《环境心理学杂志》（*Environmental Psychology*）、《环境与行为》（*Environment and Behavior*）或《景观研究》（*Landscape Research*）等，这些期刊却很少出现在设计事务所中。我们需要跨越这些界限，让建筑师和设计师相信研究并不是“枯燥无味的”，反而能

1　麦克哈格的地图叠加法（overlay mapping method），又称“千层饼法（千层饼模式）”，是一种以因子分层分析和地图叠加技术为核心的生态主义规划方法。——译者注

“为创造性地丰富设计体验提供机会”（Hamilton and Shepley，2010：241），这也是本书的一个重要目标。

第三，了解研究如何为设计实践提供信息至关重要。米尔本等人的观点虽专注于景观建筑学，但也同样适用于所有建成环境专业：“与设计相关的研究必须做到既严谨又灵活，这样才能在学术界具有可信度，同时也能适用于其他行业。”（Milburn et al.，2003：120）汉密尔顿和沃特金斯扩展了这一论点，将循证设计定义为“与知情的客户一起，认真、明确和明智地利用来自现有研究和实践的最佳证据，对每个个体和独特项目的设计做出关键决定的过程”（Hamilton and Watkins，2009：9）。每一个场地和设计在某种程度上都是独特的。因此，设计师面临的挑战是如何批判性地应用理论和实证研究的结果，对其进行深入的解读，并将其应用到每一个独特场地的设计和决策过程中。

为什么理论对设计很重要

本书所讨论的理论和研究主要来自那些关注并理解人如何与环境互动以及受环境影响的学科。社会学、环境心理学、生态心理学、社会地理学和人类学等学科的学者经常会提供对设计师来说至关重要的关于人的信息。然而，这些信息往往没有以一种设计师容易理解或适用于设计语境的方式传达出来。

我们认为，有两种类型的理论：一种是描述性理论，它解释了某种现象；另一种是规定性理论，它关注的是“应该是什么”。这两种理论都很重要，且都是为设计决策提供信息的关键。例如，可供性理论是本书介绍的第一种理论，它比较直白，主要是认为环境中的视觉提示可以告诉人们有哪些活动机会以及如何使用一个空间。作为一种描述性理论，可供性理论帮助设计师设计有效且丰富的视觉线索，使场所得到良好的设计，并被正确、充分地利用。因此，在本书中，我们讨论了设计师如何使用可供性理论和其他著名理论，如“瞭望－庇护”“亲自然本能”“场所依恋”等，来进行设计决策，对其设计作品产生积极影响。

《创造美好场所》标志着设计语言的重要转变，它将理论直接与场所营造、城市规划和设计实践过程相联系，本书将其称为“理论风暴”（theory storming）。简单来说，本书着重介绍了在设计实践、教育和研究中经常使用的六种核心设计理论，我们认为这些理论在场所营造中非常重要，并且可以很容易地融入设计实践中。2003 年，卡司伯特声称，城市设计作为一门立足于专业实践和现实项目的新兴学科，“一直无法独立发展出任何实质性的理论”（Cuthbert，2003：viii）。最近，在 2017 年出版的《创造设计理论》（*Making Design Theory*）一书中，约翰·雷德斯特伦（Johan Redström）描述了一个重要的变化：五十年前，一个可以独当一面的设计师与几个助手一起工作，可以解决大多数设计问题；如今，问题已经变得复杂，需要一大群拥有不同学科技能和专业知识并愿意深入参与循证实践和搭建理论框架的人。健康本源设计、儿童友好性设计、老年友好与包容性设计和可持续设计，是本书中的六大理论在现实中目的明确的应用，它们为 21 世纪新的设计话语提供了一个重要起点。

> 过去的环境似乎很简单，因此相应的需求也较为简单。个人的经验和发展对专业实践的深度和本质认识是足够的。虽然经验和发展仍然是必要的，但已经不再能满足现代实践的需求。今天的大多数设计都需要分析和综合规划技能，而这些技能不能仅通过实践来发展。今天的专业设计实践涉及一些前沿知识，而这种知识并不仅仅是更高层次的专业实践能带来的。
>
> （Redström，2017：xii）

如何使用本书

本书有很多使用方法。有兴趣了解人们与建成环境互动的方式，以及设计的空间如何影响日常生活的读者，可以从头到尾阅读全书。由于各章可以独立成篇，也可以一次只读一章，不必按任何特定的顺序来读。因此，本书可以作为设计项目或研究某一理论或现象时的参考书目。在第一部分中，每一章都会探讨一个特定的理论及其相关的研究，并从世界各地的环境设计案例中汲取经验，以揭示该理论如何应用于设计，以及为什么它与建成环境相关。这一部分包括六个关键理论，我们给了每个理论一个相关的、令人难忘的“口号”，能够帮助读者清晰地提炼出它们的核心重点。

1）可供性理论（Affordance Theory）——寻找线索

可供性是指环境提供的行为机会，是通过环境中人所感知到的视觉线索来传达的。这些线索通常由界面、物体以及空间布局所决定。可供性对通过设计环境来支持（或阻止）各种活动和体验的发生非常重要，且可供性取决于环境使用者的个人特征。在某个特定环境中，可供性可能会引导后续的行为发生，因此也称为行为场景（behavior setting）。这一章除了综合研究可供性理论外，还介绍了一些环境设计的案例，分别展示了正面的和负面的可供性。

2）瞭望－庇护理论（Prospect-Refuge Theory）——隐与现

瞭望－庇护理论的观点是，当人们在公共场所既能够观察到周围发生的事情，又能稍微受到庇护时，会感到最为舒适。尽管这一理论可以追溯到狩猎者的时代，当时人类需要能在免受掠食者侵害的同时拥有足够广阔的外部视野，但它对于今天公共空间的安全性以及涉及观察与表演活动的场所营造也有着重要意义。这一章列举了一些提供多种瞭望－庇护机会的案例，如美国纽约曼哈顿的高线公园（High Line park）。

3）个人空间理论（Personal Space Theory）——保持距离

来自不同文化背景的人对空间的感知是不同的。“空间关系学”（proxemics）描述了对空间的研究，以及不同的人如何概念化、使用和组织空间。该术语由爱德华·霍尔（Edward Hall）于1966年首次提出，并解释了亲密距离、个人距离、社交距离和公共距离会因一个人的文化背景、性别、年龄以及与他人的关系而有所不同。对于设计来说，不仅要了解文化背景，还要了解空间潜在使用者的特征。这一章从公共座椅、工作场所和建筑设计中的实例，以及美国国家航空航天局（NASA）如何在空间站的设计和宇航员的选拔中加入个人空间和私密性的例子出发，强调在设计实践中考虑个人空间需求的重要性。

4）地方性理论／场所精神（Sense of Place Theory/Genius Loci）——发现秘密

在一个追求效率、规范性和标准化设计成为常态的社会里，创造高质量的建成环境，发扬独特的地方性或场所精神，比以往任何时候都重要。地方性理论是指每个天然的环境都有独特的地方性和特征，人们会因此对其产生认同感和兴趣。

这种特征应该成为环境设计的出发点，确保这种独有的特征能得到发扬和加强，而不会被丢失或湮没。这一章介绍了包括上海、西雅图等全球各地的案例，说明了优秀的设计实践如何发扬一个场所的独特品质。

5）**场所依恋理论**（Place Attachment Theory）**——培育联结**

场所依恋理论解释了为什么人们会与特定的场所产生情感联结，这通常基于童年时珍视的风景或其他重要的且与场所相关的生活经历。理解人们为什么以及如何产生场所依恋，并在设计过程中加以利用，可以帮助设计师创造更好的场所，让人们能够使用、享受、沉浸其中，并且能够拥有健康、幸福的体验。这一章特别强调了理解文化背景与本土视角（和当地人的声音）对场所依恋的重要性，以及理解、尊重这种场所依恋并将特定人群的场所依恋融入设计过程的重要性。

6）**亲自然设计理论**（Biophilic Design Theory）**——疗愈的力量**

人类与自然是共同进化的，因此我们天生喜欢与其他生物（包括植物和动物）相处。为了说明设计师如何采用更好的方式将这一理论融入设计实践中，第6章介绍了三个不同尺度下有关亲自然设计的国际案例——从新加坡的亲自然城市主义到医院、人行天桥的亲自然设计。与亲自然本能密切相关的注意力恢复理论（attention restoration theory）及相关研究，也再次强调了在当今快节奏、过度刺激的城市环境中接触自然的重要性。这一章集中叙述了大量证实自然疗愈作用的关键研究结果，说明自然体验有助于降低犯罪率、减少家庭暴力的发生、缩短病人住院时间并减少所需的药物剂量。

将设计理论应用于全球性的重要议题

许多此类理论是相互关联的，当它们一起使用时，有助于解释人们如何与环境互动。第二部分中的内容围绕这一点展开，并聚焦于四个全球性的重点议题：

- 健康本源设计（salutogenic design）；
- 儿童友好设计（child-friendly design）；
- 老年友好、包容性设计（age-friendly and inclusive design）；
- 可持续设计（sustainable design）。

1）**健康本源设计——倡导健康生活**

设计出能够让人们过上健康生活的场所正变得越来越重要。健康本源设计旨在创造有利于健康的环境，它应当是预防性的而不是反应性的。健康本源模式体现了心理一致感，这是指一个人对待生活压力时，能够依靠环境提供的资源进行健康活动的能力和动力。健康本源设计结合了场所营造的原则，使人们能够从其所使用的场所中获得愉悦和活力。这一章图文并茂地介绍了健康本源场所的设计案例，还阐述了心理一致感的特点，以及积极利用前沿的研究发现和已有的设计理论是如何助力健康生活的。

2）**儿童友好性设计——让儿童和青年茁壮成长**

社区环境对儿童、青年和家庭的需求满足正不断吸引着我们的注意力。全球政策都表达了决策者对当今青少年拥有健康的生活、娱乐和工作环境这一权益的鼓励和认同。大量有关儿童友好性城市的研究都集中在如何设计公共空间、提升儿童独立出行的能力、增强他们与自然的接触，以及为儿童提供更普遍的生活机会等方面。例如，研究的一个重要方向是如何精心设计安全的人行道和自行车道，从而高效地将居住区与公园、公共空间、学校和社区设施连接起来。提供与自然接触的机会以及提供安全的户外游憩机会则是研究的另一个重要方向，这些研究均为改善青少年所生活的环境提供了依据。这一章以儿童友好性环境为例，描述了对青少年成长产生积极影响的场所具备的关键特征，并解释了循证设计如何促进美好场所的设计，尤其是为青少年设计的场所。

3）**老年友好、包容性设计——为所有人而设计**

通用设计注重包容性，即设计应适宜所有人而不只针对特定的人或群体。理想的情况是，通用设计原则从一开始就被作为设计意图和过程的一部分，无缝地融入环境或建筑中。然而更多时候，我们需要对场所进行改造，使其具有普适性，但解决方案却并不总是合理的，有时甚至不切实际。全球人口老龄化的趋势使人们意识到老年友好、包容性设计以及创造能够让残障人士和老年人“就地养老”的住宅、场所和空间的重要性。到 2020 年，全球 65 岁以上老人的数量将超过儿童的数量[1]。设计的创新在提高他们的生活质量、独立性和行动能力方面发挥着

1　2019 年 65 岁以上老人的数量已经超过了 5 岁以下儿童的数量。——译者注

重要作用。从社会无障碍环境、照明良好且宽阔的人行道、标志牌和街具，到减缓交通速度和优先考虑步行，设计决策会影响到每个人是否能轻松地使用公共空间。除了讨论诸如为痴呆患者设计的概念，这一章还概述了循证设计的创新案例，这些设计注重感官体验（颜色、触感、材质、气味、声音），显示了创造具有吸引力的、能让所有群体乐在其中的公共空间的重要性。在优秀实践案例的支撑下，这一章提出了一个明确、简洁而富有挑战性的设计问题：如何利用循证设计理论，为所有人创造美好的场所？

4）可持续设计——从根本上重新设计建成环境

应对气候变化需要对如何设计场所进行颠覆性的、全新的思考。这一章将探讨可持续设计的重要新兴趋势。这些回应都主张，除了减少建筑、产品或场所对环境的直接影响，还应积极地在建设和运营过程中减少对环境的影响。通过伦敦、匹兹堡、奥斯陆、阿德莱德和温哥华等地的案例，这一章阐释了恢复性和再生性的可持续设计过程，它们源于“三重底线”[1]、系统性思维和循环设计的视角，并立足于仿生学、“从摇篮到摇篮”[2]以及更广泛的社会影响思潮。结合了相关证据与理论的设计，可以成为积极应对气候变化的强大力量。

致力于循证设计实践

大量研究持续表明，城市建成环境（建筑、街道和绿地）的品质与我们的健康、幸福和整体生活水平息息相关。因此，创造美好场所日益成为全球政策的优先议题，毕竟我们的生活是在与场所的日常互动中产生和形成的。然而，正如设计师们所知，设计的过程是复杂的。设计师们必须对选址、布局、建设密度、朝向、占地面积、开放空间设计和便利设施布置，以及材料、颜色和陈设的选择做出谨慎的决定。在不同气候、国家和环境下，在包涵不同社会文化多样性的社区中，设计促进健康与幸福的场所并不是一项简单明确的任务。简·雅各布斯（Jane

1 “三重底线”（Tripple Bottom Line，简称 TBL 或 3BL）是一个会计框架，包含三个部分：社会、环境（或生态）和财务。由英国学者约翰·埃尔金顿（John Elkington）于 1994 年提出。——译者注

2 “从摇篮到摇篮”（cradle-to-cradle）是由迈克尔·布朗嘉特（Michael Braungart）等提出的一种环保生态设计理念，指从设计开始就考虑到产品、包装等在未来的回收利用，是一种先进的循环设计模式。——译者注

Jacobs）、扬·盖尔（Jan Gehl）和威廉·怀特（William H. Whyte）等城市设计理论家的非凡成就，如：纽约公共空间项目（Project for Public Spaces，PPS.org）、战术城市主义（tactical urbanism）、设计公正（design justice）、参与式设计和人性化设计等日益流行的概念都对我们大有裨益。

不过，著名建筑评论家和教育家萨拉·威廉姆斯·戈德哈根（Sarah Williams Goldhagen）最近给出的结论是，“无聊的建筑和令人不适的场所几乎随处可见”（Goldhagen，2017：30）。本书的关键目标之一是通过类似充满激情的、有说服力的话语呼吁城市设计师、建筑师和规划师重新思考设计实践和方法。更重要的是，在记录经典设计理论的高水平书籍中，纳入实际案例的分析是罕见的。在实践中，设计师并不经常把理论作为灵感的来源。很少有设计师将可供性、瞭望-庇护、场所依恋等理论，或最新的研究成果作为工具，利用这些对场所的设计进行外观塑造、改造和提升。

《创造美好场所》填补了理论结合实践这一严重的知识空缺，并主张设计师重新回归理论。本书系统地介绍了一些设计理论，并将这些理论与全球各地的实践案例直接联系起来。因此，本书可以作为设计理论的工具包，向设计教育工作者、研究人员、实践者和学生展示，如何机智地综合利用证据和理论，创造能够使人们幸福生活的美好场所。本书也提示那些塑造我们城市空间的人，尤其是设计从业者，在设计实践中如何与理论相融合。例如，如果从个人空间、可供性和亲自然设计的视角出发，设计决策可能有什么不同，设计出的场所又会有怎样的改变。

本书把这种通过不同的理论来思考设计问题的方法称为“理论风暴”（在第二部分中有详细描述）。这一概念受爱德华·德·波诺（Edward de Bono）《六顶思考帽》（*Six Thinking Hats*）的启发。该书指导人们以不同的方式进行思考，例如，代表可能性、替代方案和新想法的绿色思考帽，代表感觉、预感和直觉的红色思考帽，代表批判的黑色思考帽，代表光明和乐观的黄色思考帽，以及代表已经知晓和需要知晓的白色思考帽[1]。本书希望设计师用不同的方式，即基于六

1 “六顶思考帽”除文中所提五顶外，第六顶为蓝色思考帽，负责控制和调节思维过程，控制各种思考帽的使用顺序，规划和管理整个思考过程，并负责做出结论。——译者注

种理论从不同视角出发去思考设计。就像设计师可能会参与设计讨论或批判一样，我们希望本书可以通过理论风暴的方式，将理论更深地嵌入到实践中。

本书尝试改变设计师与场所对话的方式，以此提供大量的信息并改变他们的思路，从而让设计师批判性地参与理论研究，让理论研究成为设计实践的一部分。鼓励设计师以一种富有想象力的、概念性的和循证的方式进行批判性思考，以此作为一种推动实现人们健康与幸福的场所营造实践的策略。

参考文献

Cuthbert, A. R. (2003). Designing Cities: Critical Readings in Urban Design. Chichester: Wiley.

de Bono, E. (1985). Six Thinking Hats: An Essential Approach to Business Management. New York: Little, Brown & Company.

Goldhagen, S. W. (2017). Welcome to Your World: How the Built Environment Shapes Our Lives. New York: HarperCollins.

Hall, E. T. (1966). The Hidden Dimension, New York: Anchor Books.

Hamilton, D. K. & Shepley, M. (2010). Design for Critical Care: An Evidenced-Based Approach. Oxford: Elsevier.

Hamilton, D. K. & Watkins, D. H. (2009). Evidence-Based Design for Multiple Building Types. New York: Wiley & Sons.

McHarg, I. (1969). Design with Nature. Garden City, NY: Natural History Press.

Milburn, L. A., Brown, R., Mulley, S. & Hilts, S. (2003). Assessing Academic Contributions in Landscape Architecture. Landscape and Urban Planning 64: 119 - 129.

Redström, J. (2017). Making Design Theory. Cambridge, MA: The MIT Press.

Thwaites, K. (1998). Landscape Design is Research: An Exploration. Landscape Research 23(2): 196 - 198.

WHO. (2017). Constitution of WHO: Principles. Retrieved from www.who.int/ about/mission/en.

第一部分
当代城市设计六大批判性理论

第一部分概述了六种对城市设计教学和实践至关重要的理论。这些理论源于地理学、人类学、社会学和心理学。本书将其称为设计理论，讨论它们对设计实践的重要性。为了更加形象生动地解释这六个理论，书中论述了各种各样能够支持这些理论的研究证据，其中很多是在建成环境设计中使用这些理论的落地案例。这些理论为深入研究本书第二部分中讨论的四个复杂的全球重要议题奠定了坚实的基础。

1 可供性理论——寻找线索

人们对环境中不同线索的感知和解读，是为了理解该环境所支持的所有行为机会。这些视觉线索能够表明该环境是否有利于特定的活动，是否存在行动阻碍，或者是否完全不允许活动的进行。这些被允许的特定活动就是该环境的可供性。

20 世纪 70 年代的情景喜剧《默克与明蒂》（*Mork and Mindy*）中，有许多场景是由罗宾·威廉姆斯（Robin Williams）扮演的来自奥克星的外星人默克，在不明所以的情况下使用地球上的日常用品，比如头靠在扶手椅的扶手上、横躺在沙发背上、把外科医生的口罩当帽子戴。虽然这些都只是剧中博人一笑的滑稽动作，但这也证明了在现实中，如果我们从不同的角度来看，事物本来的可供性也可能会被曲解或拓展。尽管默克是个外星人，在某种意义上，他与孩子或外乡人并没有什么区别，他们都是第一次接触到异源文化的物品并在学习如何使用它们。这提醒我们，设计线索对能够发生的活动至关重要，也强调了可供性理论对创造美好场所的重要性。

可供性的理论渊源

可供性理论最早由认知心理学家吉布森（J. J. Gibson）提出，用来解释人们如何感知环境，并且理解他们周围空间中可进行活动的属性（Gibson，1986；Norman，1999）。人们努力去理解环境可能出于本能，也可能有其目的。感知和处理线索的目的是了解环境中可以互动的要素，之后才是决定要不要去开展所感知到的活动。从这个角度来说，每个人既是“环境的感知者，又是环境中的行为者”（Gibson，1986：8）。因此，设计师必须同时考虑这两个方面。

虽然“可供性”（affordance）这个词是吉布森提出的，但帮助我们理解它与设计之间相关性的是唐纳德·诺曼（Donald Norman），一位具有工程和数学心理学背景的认知学家。诺曼提出了一个问题：“当人们第一次看到此前从未见过的东西时，他们是如何知道该怎么做的呢？”（Norman，1999：39）这个问题对所有设计相关的领域都有重要的启发意义。在一个陌生的国度中，当人们第一次进入一个新的公共空间时，他们如何知道怎么做，如何知道被允许和鼓励做什么呢？设计师如何才能巧妙而清晰地向公众传达这个公共空间的线索呢？

在大多数情况下，人们并不是简单地看待其栖居的空间，而是根据特定的目的或活动来评估它们（Min and Lee，2006）。有研究表明，人们通常更喜爱对其有重要功能的地方，而且这些功能是其他地方无法提供的（Hadavi et al.，2015）。这些感知到的可供性可能比空间的物理属性更重要，影响了人们对于特定环境是否有偏好以及偏好的程度。例如，在一项调查中，当调查员向参与者展示公园的照片并询问他们所喜爱的空间时，68% 的参与者会基于他们感知到的可供性（他们可以在空间中做什么）作出判断，而不是照片中描绘了什么要素（Hadavi et al.，2015：26）。同样，一项关于儿童对邻里空间偏好的研究发现，公园之所以受儿童青睐，是因为它能提供许多活动机会（如树荫和小角落可用于私人聚会、小路可以骑自行车、开放区域可用于运动）（Min and Lee，2006）。在某些情况下，可供性也可能是人们意料之外的。正如瑞典一处游乐场中的一棵树，比起专门建造的游戏设施，这棵树反而提供了诸如攀爬等更为丰富的儿童活动的机会（Laaksoharju and Rappe，2017）。

在特定环境中被感知和利用的可供性往往取决于使用者个人的特征（Heft，2010）。儿童和外乡人可能缺乏在当地进行各种文化活动的经验，也不了解社会习俗，这可能会影响他们对当地空间的使用，也影响了他们获得线索。同样重要的是，我们需要认识到人类都具有的共性特征，因为这些特征决定了人们如何感知空间并参与活动。例如，身高、体重、年龄和身体条件等特征会影响我们在空间中的活动。提前知道谁正在或将要使用该空间，对确定空间需要提供哪些线索、空间应当要有什么可供性非常重要。

人们感知环境的方式和关注的空间尺度是不同的，空间中现有可供性的改变正是来自这种感知的差异。这些感知形式并不是相互独立的，而是“嵌套”在其他感知形式中（Gibson，1986：9）。例如，一片树叶是一棵树的一部分，这棵树又是一排行道树的一部分，而这些行道树则是一个绿树成荫的街区的一部分。然而，作为观察者，人们感知空间的形式和尺度与很多因素有关，包括观察的位置和个人的情景特征等。比如，在树下避雨时能否保持干燥或许取决于单片树叶的大小和形状；但如果是开车经过街区时看到同一棵树，这一片叶子就不再重要了，人们此时会更关注的是由树木的组合创造出的美丽的空间和舒适的林荫道环境。

同样，永久、持续和变化等抽象概念也很重要，这与在环境中所能感知到的布局和要素有关（Gibson，1986）。在温带气候下，街道中的树木可能会因在秋冬时节落叶，改变街道的视觉特征和氛围，但也会因其让阳光透进，温暖了原本寒冷的街道空间。如果我们居住在这样一条街上，夏天的树木能为楼上卧室的窗户提供遮蔽，但在冬天可能会发生巨大的变化，我们就需要更频繁地拉上窗帘，以防止人们看到自己的居所内部。季节性树木的可供性能够创造出动态性空间，改变人们的行为。在本书第 10 章讨论的可持续城市设计实践中，综合考虑树种选择、树的高度和位置所带来的空间可供性，有利于优化商业办公建筑中的体表热舒适度：譬如特意选择的落叶乔木能在炎热的夏季提供阴凉，也能在冬季提供更多的阳光照射。

让线索与可供性相匹配

线索是至关重要的，“设计师的技巧是让人们想要进行的行为能被轻松感知到”（Norman，1999：41）。因此，设计师的工作就是了解人们如何感知与理解线索。如果某些行为比其他行为更有必要，或者某些行为应该被制止，那么这一点尤其需要在设计中加以考虑。

在城市中，行为的线索通常由界面、物体和空间布局决定。有些线索是“自然而然的讯息，不需要刻意思考就能很自然地理解”（Norman，1988）。这种自然而然的解读可能来自物体的形状。例如，圆形的门把手、旋钮就是设计成能转动的样子。当你看到把手时，就会想到要转动把手，把门拉开。这一切自然而流畅动作的发生是因为你的手恰好能够贴合在门把手周围，而你的手臂又处于合适的位置，可以让你拉开门而不是推，所以你的手与把手的配合才有意义。这种线索是自然而然的，无须额外的提示。同样，当门上只有一块平坦的金属板时，人们自然的动作则是推开门，因为实际上并没有什么东西可以抓住来拉动。这也是一种自然而然的线索，不需要额外提示。但是，当设计师在这些自然提示和自然动作之外做文章时，事情可能会变得很困难，有时甚至会很尴尬。比如，当我们下意识想要推一扇门时，却看到门上有个“拉”的标识。说实话，我们都经历过这种尴尬。

在城市空间设计中，将线索与可供性相匹配是最为关键的一步，但在实践中却常常被忽略。诺曼讨论了一种在照明控制中将动作和效果相联系的观点（Norman，1988）。例如，有一种吊灯的调光开关是滑动条上的单个按钮，可以上下移动。如果把按钮向上移动，灯光就会变亮，反之，灯光就会变暗，按钮滑到底部就能使灯完全熄灭。这种动作是一种自然而然的反应，因为动作与效果是相匹配的。

这种映射关系可以且也应该存在于多种尺度中。例如，位于公共场所的垃圾桶可以通过多种方式与行为匹配。垃圾桶的设计应该自然地承担起装垃圾的功能。大多数的垃圾桶的顶部都被设计成可以推开并自动复位的形式，或者位于某个角度有一个孔供单手使用，并能防止顶盖被取下拿走，也会防止里面的垃圾被雨淋到。然而，这种设计也可能使动物很容易翻进去。如果在美国有熊分布的地方旅行过，就会知道很多国家公园都有防止熊进入的垃圾桶，它们只能向外打开。这些垃圾桶就没有那么直观了，也绝对不能满足单手使用的需求，但它们确实可以防止熊无意中跌入。在更大尺度上，比如城市空间范围内的垃圾桶则需要其他的线索与行为匹配。将垃圾桶设在食品摊位或野餐区附近是很重要的，因为那里是人们需要丢垃圾的地方。同样，将其放置在电影院的出口处也是如此，那是人们丢弃空爆米花盒的理想地点。如果不允许人们携带食物或饮料进入博物馆或其他重要建筑，也可以将垃圾桶放置在这些建筑的入口处。

在设计行人需要寻路的公共空间时，匹配可供性和线索也是一种有用的做法。例如，如果从 A 走到 B 要转弯或选择方向，就需要沿路设置一系列相应提示。清晰的指路线索对于痴呆患者或自闭症患者尤其重要，有关内容将在本书第 9 章中讨论。回想一下我们去商店或办公室的常用路线，或者一些不太常用的路线，例如去大城市内一个主要景点入口的路线，路上一定会有很多提示。有时即使我们知道路线，这些提示也会让你做出一些选择，决定走哪条路。设计师或规划师的工作往往是让路线变得直观和清晰，在行程比较复杂的时候这一点较难实现。不过，一些巧妙的，或不那么巧妙的提示确实可以把人们引向特定的方向，让他们到达想去的地方。如图 1.1 所示的藤架门等要素，以及层次、颜色和材料等设计特征，都可以在环境中提供线索，而使人们摆脱对标识的依赖。

图 1.1　澳大利亚布里斯班的南岸公园中，被叶子花属植物覆盖的藤架提供了舒适的步行体验，是公认的城市象征。（来源：德布拉・库欣）

图 1.2 悉尼一条街道上的交通标志（LOOK LEFT 向左看），提示人们过马路前应该注意的方向。（来源：德布拉・库欣）

环境线索对可供性的标准化也很重要，在某些情况下相当有用。例如，澳大利亚和英国等国家是车辆和行人靠左侧通行，人们在驾驶和骑行时需要意识到这一点，这不仅是出于安全考虑，也事关在繁忙的人行道上行走时的舒适和礼貌。美国等国家则是车辆和行人靠右侧通行，当这些国家的人到澳大利亚或英国旅游时，他们通常可以大概地意识到这一差异，尤其是在他们租车的时候。但他们往往会低估其中的巨大差异，比如在过马路时看错迎面而来的车流方向。在这些情况下，出于安全考虑是有必要设置交通标志来提醒人们去注意这些差异的。如图 1.2 所示，澳大利亚悉尼一条繁忙的街道上就绘制了相应地交通提示。由于悉尼有许多单行道，而且来自各国的游客都习惯在道路右侧行驶，此类提示在城市环境中特别有用。

感知可供性与实际可供性

设计师实际上只能影响人们的感知能力，或改变人们在环境中看到的线索。而人们对一个物体或一个空间具体做了什么，往往是设计师无法决定的。一个简单的例子是，当面对一把标准的餐椅时，家具设计师会关注椅子的高度、材质、形态、颜色等特征，这些特征会向成年人发出信号——这是坐在餐桌旁的理想选择。这就是典型的，可能也是人们最主要感知到餐椅可供性的方式。但在实际生活中，成年人可以站在椅子上够到高处，也可以把几张椅子放在一起形成一张长椅供人躺下，或是把椅子作为床边的小桌子，可以把衣服挂在椅背上，也可以把椅子撑在门把手下防止门打开，还可以在做弓步或瑜伽动作时扶着椅背稳住自己，等等。如果这些动作能够完成，它们就代表着椅子的实际可供性。优秀的设计师可能会考虑所有这些可供性，但也有人认为这些是次要的。让人舒适地坐在餐桌前才是餐椅最主要的可供性。

就算是同一把椅子，对很小的孩子来说也会产生不同的可供性。他们可能会在椅子下面造一个堡垒，或者当他们坐在地板上时，会把椅子当作桌子。除非成年人有观察过儿童如何与椅子互动，否则他们可能无法知道这些可供性。在我们已有的认知里，设计一把椅子时，只要椅子能够满足它的主要目的就足够了，预测能够感知可供性和实际可供性在某种程度上并不那么必要。然而，在设计其他空间和物体时，预测其所有的可供性可能变得相当关键。

其他类型的诸如虚假的可供性，指没有真正功能的可供性。例如，设置在办公楼的大厅或庭院里喷泉旁的座位，实际上这都是不具备真正的可供性的。我们可以很明显地观察到，在办公楼里工作的西装革履的人并不会坐在大厅；而喷泉旁的座位大多情况下是潮湿的，无法使用。不过，如果是在一个阳光充足的海滨社区，木栈道或漫步长廊的喷泉旁，类似的座位可能会更为合理，当喷泉溅起水花时，这也许会成为一个可以消暑的地方。

隐性的可供性则是指那些除非提前知道它在那里，或者有足够的耐心和灵感去发现，否则很难察觉到的可供性。例如，如果你不是滑板爱好者，也不看滑板比赛，就不一定知道广场上有哪些要素可能成为呲台、豚跳、腾空或呲板头[1]的

1　这些都是滑板运动的常见动作，呲台（grinding）是指滑板在障碍物（如台阶）上方边缘摩擦的动作；豚跳（ollies）是一脚猛踩滑板后部的双脚带板起跳；腾空（catching air）是指在 U 形场地滑下，利用势能和惯性冲到半空中的动作；呲板头（noseslide）是一种在障碍物（如台阶）旁滑行时突然起跳，让滑板头靠在上面短暂停留再落回地面的动作。——译者注

理想选择，但滑板爱好者可能看到扶手就会自动联想到做技巧动作的可能性。然而，对于滑板爱好者来说，管理者并不总是对城市空间中的滑板运动持开放态度，在一些可能与其他人群发生冲突的地方，往往会设置障碍以限制上述可供性。如第 3 章所述，城市环境中可以策略性地设置障碍，以防止人们坐在墙头或防止无家可归者躺在长椅上。在某些情况下，这些障碍需要结合一些创造性的设计形式，以维持其可供性。

阻断可供性

一般来说，有三种类型的限制因素会阻止人们的行动：物理、逻辑和文化（Norman，1999）。物理限制可能存在于环境中（如封闭的道路或人行道），也可能因个人特征存在（如摔伤腿的人不能爬楼梯）；逻辑限制则需要理性（例如，一条小路上有一个弯，虽然看不到后面的路，但从逻辑上知道这条路会继续延伸而非戛然而止）；文化限制是一个文化群体的特定惯例，并且通常是后天习得的（例如，知道在人行横道上按按钮来开启步行信号灯，或是知道使用电梯并让其将自己带到特定的楼层）。有些人会想方设法克服限制因素。在城市公园里经常能看到的一个例子是期望路线（desire line），这种路线并不是专门设计的，也不是由空间提供的，而是由使用它的人创造的。我们经常看到这样的场景：从 A 走到 B，如果草地上的路线相比于正式路线更直接，开放的草地或景观植物区域就会因为有人走在上面而遭到破坏。设计这些空间的人并没有预料到人们想走的路线在绝大多数情况下都是直接的路线。相反，他们却设计了一些很容易就能越过的障碍物，让人们仍然能走出自己的期望路线，代价则是导致景观遭到破坏，如图 1.3 所示。尽管彻底理解人们如何在空间中行进有助于防止此类情况发生，但有时好的设计并不是增设和加强障碍物，而是在事情发生后迅速做出调整。例如，在美国的大学校园里，大量的学生会抄近路穿过有大面积的草坪或矩形的绿化构成的空旷区域，期望路线常常就在这种情况下产生的。如果管护人员反应迅速，并且愿意进行调整，这些期望路线最终会成为正式的通道并被保留下来。

图1.3　纽约中央公园中的一条小道，明确显示了人们抄近路下山的意愿。（来源：德布拉·库欣）

行为场景与规划

某一特定场所的可供性及其引导的后续行为的集合被称为行为场景（Heft，1989），这些场景通常是小尺度社会情境中人、活动和物体的组合（Popov and Chompalov，2012）。对于设计师来说，了解如何在行为场景中运用可供性是空间设计的一个关键方面，能使其较好地应对目标使用者和活动。

空间或建筑规划有时是易于混淆的概念，关键是要设计出让活动不相互冲突的空间。同时，使其能够较好地适应预期的活动或其他后来产生的活动也很重要。设计城市空间需要了解其中可能发生的活动，以及空间使用者的相应需求。例如，为户外音乐会打造的城市广场需要有架起的舞台供表演者使用、大片开放的座位区域、供照明或插电乐器使用的电源、存放座椅和其他设备的储藏室、提供茶点的地方、收容垃圾的垃圾箱、位于附近的停车场、卫生间设施，以及许多其他的设施。这些要素的位置和它们之间的联系非常关键。如果上厕所或吃东西会排很长的队，就需要提供更大的空间。同样，如果有人需要提前离场，就需要为他们规划一条合理的离场路线，毕竟谁也不想路过舞台前方，破坏其他人的体验。因此，仔细规划空间中所有的可供性对创造一个美好场所至关重要。

另一个例子是设计用于锻炼身体的社区公园。如何设计锻炼空间，能够让人们积极主动地活动呢？过度肥胖正成为世界各国的普遍健康问题之一，多达四分之三的人口日常体育活动不足。设计适合锻炼的空间就是改变这种情况的第一步，此外这些空间还必须远离空气污染、交通拥堵和犯罪问题等负面因素。然后还需要设置一些线索，这会影响到人们是否真的参与锻炼。例如，习惯健身的人可以在任何地方跑步，但没有跑步习惯的人只有在看到专门建造的多功能健身路径、有里程标记和跑步标志、有遮阴的区域，以及其他明确表明该空间非常适合跑步的提示时，才会更倾向于开始跑步。考虑针对不同人群的可供性是创造有益健康环境的最佳路径，这个话题将在本书第 7 章深入讨论。

同一场景下的多种可供性

作为行为场景，场所的设计应考虑多种可供性，即空间中的物体或要素理应设计为多用途的。对园林场景中树木的可供性研究发现，儿童会将树木作为建筑材料来建造小木屋、巢穴及家具，用以划定一个区域；或作为游戏道具来假装食物、工具、武器和玩具；或用来装饰空间和衣服；或者单纯用于攀爬（Laaksoharju and Rappe，2017）。虽然这些活动不一定适合在繁忙的城市公共空间中进行，但重要的是，设计师要认识到空间中的多种可供性有时会带来更丰富、更愉快的体验。

位于纽约市的公共空间项目组织（Project for Public Spaces organization）提出了一个名为“10+ 的力量”（Power of 10+）的概念（PPS，日期不详），建议场所应具有更多的可供性，这样的场所会更高效。这一概念在多个尺度上都能发挥作用，而场所尺度的重点就是可供性。一个成功的公共场所至少应该能进行 10 种活动，且这 10 种活动最好是有层次的、有些是在同一时间进行的，有些是在不同时间进行的。还有一些计划性的可供性则应该是独特的，可以反映当地的文化精神和历史遗产。利用一个特定场所的独特品质与本书第 4 章中讨论的场所精神或地方性概念有关。

一个理想的空间通常具有多种可供性，而任何单一用途的东西都会被淘汰。事实上，据美国有线电视新闻网（CNN）报道，“一次性使用”（single-use）是《柯林斯英语词典》评选的2018年年度词汇（Kolirin，2018）。虽然一次性使用更常用于指代用一次就扔掉的塑料袋和矿泉水瓶，但它同样适用于城市空间。特别是在这个资源稀缺和城市高密度发展的时代，设计应注意让空间可以被多人使用、在一天中的多个不同时间段内使用以及多用途使用。让闲置的空间继续闲置下去未免过于奢侈，更何况闲置的空间还有可能成为不安全的犯罪场所，从而永久地失去吸引力。

多用途的观点在“完整街道”（Complete Streets）的概念中得到了理想的体现，它强调在街道设计中，一个空间应该为许多不同的人提供多种活动。我们都见过专为汽车设计的街道，而行人和骑行者在那里只能冒着生命危险使用车行道，或者沿着路边艰难行进。为了应对这种情况，美国精明增长联盟[1]提出了完整街道的理念，这种街道具有多种可供性，能适应多种活动。该计划建议打造“人行道、自行车道（或较宽的带铺装的路肩）、特殊的公交车道、舒适且无障碍的公共交通站点、数量较多的安全过街点、中央环岛、无障碍的行人信号灯、拓宽的路缘、更窄的行车道等”，从而创造出与单纯为汽车设计相比更完整的街道（Smart Growth America，日期不详）。

理解可供性益于营造更好场所

可供性理论可以让城市设计既美观又实用。它与许多环境有关，尤其是在城市空间设计中能让人们高效、安全地使用的空间，以及有益于人们健康与幸福的空间。不只是环境需要适应活动，人们还需要得到线索来知道哪些活动是可以进行的，这样他们才能真正地参与进来。像棒球电影《梦幻之地》（*Field of*

1　“美国精明增长联盟”（Smart Growth America）于2000年由美国规划协会联合69家公共团体组成，其确定精明增长的核心内容是：用足城市存量空间，减少盲目扩张；加强对现有社区的重建，重新开发废弃、污染工业用地，以节约基础设施和公共服务成本；城市建设相对集中，空间紧凑，混合用地功能，鼓励乘坐公共交通工具和步行，保护开放空间和创造舒适的环境，通过鼓励、限制和保护措施，实现经济、环境和社会的协调。——译者注

Dreams）那样，仅仅认为“只要建出来，就会有人来”是不够的。更需要通过有策略的和直观的提示，向人们发出适当的邀请，给人们指明方向，让他们知道什么活动是可以进行的。

创造美好场所需要设计师了解人们在城市空间中进行简单和复杂活动时遇到的限制和障碍。了解人们如何理解这些活动的线索是非常重要的，这取决于设计出来的环境和他们的个人特征。本书第 9 章讨论了老年友好、包容性设计的概念，它更侧重于设计的场所能够满足有不同需求和具备不同身体条件的人。而且，正如下一章将说到的，虽然设计师们对可供性的设计语言相当熟悉，但他们对众所周知但研究不足的瞭望 – 庇护理论还不够了解。

参考文献

Gibson, J. J. (1986). The Ecological Approach to Visual Perception. Mahwah, NJ: Lawrence Erlbaum Associates. (Originally published in 1979.)

Hadavi, S., Kaplan, R. & Hunter, M. C. (2015). Environmental Affordances: A Practical Approach for Design of Nearby Settings in Urban Residential Areas. Landscape and Urban Planning 134: 19 – 32.

Heft, H. (1989). Affordances and the Body: An Intentional Analysis of Gibson's Ecological Approach to Visual Perception. Journal for the Theory Social Behavior 19(1): 19 – 30.

Heft, H. (2010). Affordances and the Perception of Landscape: An Inquiry into Environmental Perception and Aesthetics. In C. W. Thompson, P. Aspinall & S. Bell (Eds.), Innovative Approaches to Researching Landscape and Health. Abingdon: Routledge, 9 – 32.

Kolirin, L. (2018). Single–Use is Collins' Word of the Year for 2018. Retrieved from https://edition.cnn.com/2018/11/06/health/word–of–year–scli–intl/index.html

Laaksoharju, T. & Rappe, E. (2017). Trees as Affordances for Connectedness to Place – a Framework to Facilitate Children's Relationship with Nature. Urban Forestry and Urban Greening 28: 150 – 159.

Min, B. & Lee, J. (2006). Children's Neighborhood Place as a Psychological and Behavioral Domain. Journal of Environmental Psychology 26: 51 – 71.

Norman, D. A. (1988). The Design of Everyday Things. New York: Currency Doubleday.

Norman, D. A. (1999). Affordance, Conventions, and Design. Interactions (May/ June): 38 - 43.

Popov, L. & Chompalov, I. (2012). Crossing Over: The Interdisciplinary Meaning of Behavior Setting Theory. International Journal of Humanities and Social Science 2: 19.

PPS. (undated). The Power of 10+. Retrieved from www.pps.org/article/the-power- of-10

Smart Growth America. (undated). What are Complete Streets? Retrieved from https://smartgrowthamerica.org/program/national-complete-streets-coalition/ publications/what-are-complete-streets

2 瞭望 - 庇护理论——隐与现

瞭望 – 庇护理论的概念是：人们在公共空间中最喜爱且认为最舒适的空间，是那些既能让他们观察周围发生的一切，又能让他们稍微受到保护的空间。这些空间既提供了瞭望的机会（或向外观望的视野），也提供了人们庇护感（或保护）。

在 20 世纪 50 年代阿尔弗雷德·希区柯克（Alfred Hitchcock）的经典悬疑片《后窗》（*Rear Window*）中，詹姆斯·斯图尔特（James Stewart）饰演的杰夫住在纽约格林威治村的公寓里。他坐在轮椅上，通过后窗可以看到公寓楼的院子，这就给杰夫提供了一个闲适且有利的位置，他可以隐匿在自己的公寓中，在这个位置上观察邻居的活动。虽然是出于电影剧情需要，但这是一个典型的瞭望 – 庇护的例子。杰夫可以看到他的邻居们在做什么，甚至可以看到他们做的一些坏事，但邻居们却看不到杰夫。

瞭望 - 庇护的理论源起

瞭望 – 庇护理论可以说是最著名的环境偏好理论之一，在建筑、室内设计、景观和城市设计学科中的应用十分广泛（Dosen and Ostwald，2016；Senoglu et al.，2018）。因被归纳为一句朗朗上口的“看而不被看”（see without being seen）（Appleton，1996：66）成为了最直白、最易记住的理论之一，对于设计师来说，这也是一个重要的理论，因为它可以让设计师更好地理解人们对于座位和活动区域布置的感受。

瞭望 – 庇护理论是由英国地理学家杰伊·阿普尔顿（Jay Appleton）在其 1975 年出版的《景观的体验》（*The Experience of Landscape*）一书中首次提出的。

尽管阿普尔顿并不是景观师或城市设计师，但该著作却被认为是景观领域的开创性作品，对城市设计思想和实践产生了重大影响。瞭望－庇护理论参考了人类狩猎－采集者的进化起源，那时候的人们既需要有看向外部的视野，同时又要能保护自己不受掠食者的伤害。今天，瞭望－庇护理论对设计安全的公共空间，以及营造能够进行观察、公共活动和表演的场所都有重要的启示意义。该理论认为，人们更喜欢那些既能提供瞭望机会又能提供庇护机会的环境，因为这样人们可以预测到威胁，并保护自己免受伤害（Singh and Ellard，2012）。

为了更好地理解瞭望－庇护理论，我们先从日常生活中的一个例子说起。如果你曾在一条有视觉盲点的人车混行道路上行走或骑车，即使不会非常害怕，也会感到不舒服。人们常常觉得在拐角处有必要小心翼翼地观察，以防有另一个骑行者从别的方向过来。如果没有很好的瞭望－庇护的空间，人们就看不到即将发生的事情，在面对突如其来的危险时，也无法做出及时的逃生反应，此时就会因为没有受到保护而倍感脆弱。或许人们仅仅只是“感到”脆弱，但这也是不能够忽视的。在这种不可避免的情况下，设计师们会使用镜子等手段，让人们能够看到转弯处有什么。实际上，工业设计师已经发明了一种新的“智能头盔”，可以通过视讯技术提前警告骑行者可能发生的危险。

阿普尔顿解释了人们的先天素质和本能行为如何会影响他们探索环境的方式，以及对能达到目的的场所的选择。这与第1章中阐述的可供性理论类似。而非人类的其他动物则倾向于选择能满足其所有需求的环境。正如阿普尔顿所述：

> 景观回溯中的审美满足源于对景观特征的自发感知，而景观特征的形状、颜色、空间安排等可见属性，无论是否真的是有利于生存的环境条件，都是一种指示性的刺激。
>
> （Appleton，1996：62）

这些景观偏好的整合形成了栖息地理论的基础（habitat theory）。该理论认为，人类观察者与他们所感知到的景观的关系，类似于动物与它们的栖息地的关系，并且认为“我们会从对这个环境的思考中获得的满足，就是‘审美’，来自我们对这个栖息地环境的自发反应，也就是说，这是能够实现我们基本生物需求的地方”（Appleton，1996：63）。简单地说，我们更偏好那些能够满足人类内在需求的场所。

瞭望 – 庇护理论与栖息地理论相一致，但更聚焦于某些特定行为。瞭望 – 庇护理论主要针对的是通过探索、观察、逃避和寻求庇护来满足的生物性需求。正如阿普尔顿所解释的那样，“看而不被看的能力是满足许多生物需求的中间步骤，而环境实现这一需求的能力将成为审美满足更直接的来源”（Appleton，1996：66）。环境对审美的影响可以从与人类“根深蒂固的行为机制”相关的进化背景来讨论。人们偏好在景观中寻找乐趣，因为景观能提供有利的位置，也能提供安全或躲避危险的庇护所（Clamp and Powell，1982：7)。比如，人们一般更喜欢坐在空间的边缘，这样他们的背部就会受到保护，并被部分遮挡。

瞭望与庇护

设计师需要考虑物体和场地要素的选择和布置，使其成为瞭望和庇护的象征。设计师的意图和使用空间的人所感知和体验到的东西可能是完全不同的。一个空间如何设计，包含哪些元素，会决定人们是否感到舒适和安全。象征符号是否平衡，以及它们是否形成了一个瞭望主导或庇护主导的环境也很重要（Appleton，1996）。

有时，代表庇护的多个要素可以相互巩固。例如，林中小屋这个浪漫的想法，小屋和林地各自代表着一重庇护，当它们放在一起看的时候，就会加强这个概念。然而，林地也可能会因为限制人们的瞭望或行动而隐藏了危险。因此，瞭望和庇护之间的界限有时会变得模糊，还会因为使用者的具体情况和特征（如性别、年龄和阅历）不同而改变。

庇护在功能、来源、实体、可达性和效能方面都可以是象征性的（Appleton，1996），其实现尺度需要与使用者相匹配。例如，公共汽车候车亭需要提供免受天气影响的庇护，还要提供仍然适合人行的环境，使行人能够正常通过而不受附近车行交通的影响。但与此同时，候车亭必须使人们站在其中时能看到驶来的公交车和其他相关的危险物，才能有效地发挥其作用。如果人们需要不断地在候车亭周围窥视或走出候车亭才能看清，那么即使候车亭是公认的庇护象征，它也不是一处有效的庇护场所。第 9 章将继续讨论这个公交候车亭的例子，届时会使用理论风暴法对其进行评估。

在设计语境中，庇护的概念是有局限性的，因为它意味着需要从危险或麻烦中撤退。一些研究者更倾向于一种更具包容性的庇护概念。赫德森认为，庇护所的功能是保护人们免受到生物和非生物的危害，而后者，比如天气，可能是当今公共场所营造中更常见的考虑因素（Hudson，1992）。在现代城市景观中，遮蔽物常常以凉亭、遮阳篷、阳台、骑楼和廊道等形式出现。如果设计得好，这些类型的遮挡物还能够允许人们瞭望，甚至是眺望全景（panorama）或远景（vista）。全景是指从景观高点或建筑物或构筑物的顶部等有利位置所看到的广阔景色。远景[1]则是一种被限定出来的景色，通常由成列的物体限定而成。例如，公园中的远景可以通过在公园大门两边设置绿篱，限定人们视线进入的位置来实现。

瞭望视野的品质也取决于光照的多少。观看者所在的位置、被观看物所在的位置是否有充足的光线，都是重要的考虑因素。设计师还必须考虑如何将人们的注意力集中在视野中，并有策略地安排被他们观看的内容。当附近有不好看的东西时，要确定其是否可以隐藏在视野之外，这也是一个重要的设计策略。但如果有独特或有趣的观赏物，就可以给观察者以愉快的体验。

在评估危险的过程中，行动的能力和自由尤其重要，它为在关键的瞭望、庇护位置之间移动提供了机会。上文讨论的一些障碍往往限制了人们的行动，但正如上一章中讨论的可供性理论的观点，人们必须能够感知到移动的机会。理想情况下，移动的机会是显而易见的。例如，连接两个区域的一条路径，以及直接通过障碍物的路径（墙上的门）。而根据瞭望 - 庇护理论，那些既能让人移动，又能提供一定行动自由的地方将是最优选择。

1　此处“远景”指向林荫道尽头望去那样的线性景观，更类似于“框景”。——译者注

对健康与幸福的启示

虽然瞭望 – 庇护理论相对容易理解，但它对城市空间内的人们的健康与幸福却有着复杂的影响。一旦理解了瞭望 – 庇护，就会发现该理论正在世界各地发挥着作用。理想的情况是，人们能够广泛认同它对城市空间日常使用者的重要性。它不仅影响人们感知到的和实际的安全性，还影响人们适应社会生活的能力。瞭望 – 庇护理论的良好运用将有利于激发人们去使用那些丰富的、具有吸引力的公共空间，使人们能够成为社区的一分子。

在城市空间中，人们对安全感有一种本能的需求。毕竟对犯罪或危害的恐惧往往会盖过其他需求，并会限制人们的活动和日常生活（Cinar and Cubukcu, 2012）。城市环境经常会出现两种类型的危害：

- 事故性危害，指那些威胁到人们健康与幸福，并且来自外部事件的危害。可能来自生物，如其他人带来的危害，也可以来自非生物，如恶劣天气带来的危害。
- 障碍物危害，指那些阻碍行动自由，但并不直接对人的生存或健康构成“威胁”的危害。障碍物危害可以是自然的，比如无法通过的茂密植被群，也可以是人为的，比如一堵墙或繁忙的高速公路（Appleton，1996）。

人们感知危险的方式对设计师规划城市公共空间的使用非常重要，会受到个人特征和物理环境的影响。瞭望 – 庇护理论鼓励设计师关注人们是否能够看到接近的危险、有无能躲避或保护自己免遭危险的庇护之地。这些危险可能是被袭击、被抢劫，但也可能与交通事故、坠落物或恶劣天气有关。重要的是，虽然安全感和安全是不一样的，但二者都很重要。试想一下，一个孩子会害怕墙上跳舞的影子，是因为他会把自己所看到的东西想象成一些邪恶的东西，所以吓得不轻。实际上，这个影子可能只是一盏路灯照在敞开的窗边随风晃动的窗帘上的结果。在意识到并接受这一点之前，现实怎么样并没有什么意义。孩子们为了躲避感知到的危险，可能会躲在床下或某个小空间里，他们会因此觉得自己受到了保护，同时又可以看到外面的情形，就像许多悬疑惊悚片里一样。瞭望 – 庇护能够使他们感到安全（也许还能睡个好觉），无论他们是否真的处于危险之中。

研究者称，概率机能主义（probabilistic functionalism）的观念让人们从附近的线索中提取相关信息来评判他们所处的环境（van Rijswijk，Rooks and Haans，2016）。这些评判是主观的。人们会依据环境中最近或附近的线索，判断一个地方对他们来说是否安全，而性别等个人背景特征，往往也会影响安全感。例如，城市公园中的隐匿处既可以是积极的也可以是消极的，这取决于一个人是潜在的受害者还是潜在的犯罪者（van Rijswijk et al.，2016）。还有研究称，在截留性[1]（entrapment）较严重的环境中，女性对危险的感知会增加（Blöbaum and Hunecke，2005）。第 9 章将进一步论证，在设计和规划过程中考虑个人和群体特征对创建包容性的城市环境至关重要这一点。

但了解并应对所有潜在使用者的个人特征是不可能的，尤其是当这些特征可能存在冲突时。研究表明，30% 的城市环境夜间安全感归因于个人特征，另外 70% 则归因于环境特征。设计师可以通过改变空间布局等，直接应对这些环境特征。例如，较低的安全感与较高的环境截留性相关。当人们认定一个环境具有截留性的特征时，就会认为该空间是不安全的（van Rijswijk et al.，2016）。与之相反，较好的瞭望水平与人们对环境安全的判断呈正相关，这证明了在设计安全的城市空间时，理解瞭望 – 庇护理论是很重要的。

然而，在截留和庇护之间也许存在着一条微妙的界限。许多犯罪节目中都能看到的暗巷场景就是一个例子。扮演罪犯或潜在受害者的演员，跑进一条颇为黑暗的小巷，却发现巷子的尽头是墙或栅栏，需要高超的跑酷技巧才能攀爬或跳过。纽约市著名的袖珍公园帕利公园（Paley Park）是一个起到庇护作用的例子。帕利公园的空间布局可能会让人感到容易被截留，但事实上它是一个非常受欢迎且使用率很高的公园，因为它的设计具有一些能够提高空间品质的特征。比如后墙上的照明水幕、邻近建筑可俯瞰整个空间的窗户以及在夜间关闭的大门。尽管它的面积不大，但它比一般的巷道更宽，也比其他空间更加吸引人。

---

1 截留性是指难以逃离现场且无法向路人求助。——译者注

安全问题也可以使用“预防犯罪的环境设计”（crime prevention through environmental design，CPTED）中的方法来解决。犯罪学家 C. 雷·杰弗里（C. Ray Jeffrey）早在 1971 年就首次讨论了这一方法，并由犯罪学家蒂姆·克罗进一步发展（Tim Crowe，1994）。CPTED 的原则与瞭望 - 庇护理论相一致。建筑师奥斯卡·纽曼提出的“防卫空间”（defensible space）概念，进一步强化了瞭望和庇护的需求，以确保城市的安全（Oscar Newman，1996）。纽曼评估了不同的住宅方案，将瞭望 - 庇护、监控（surveillance）和领域性（territoriality）概念与出入控制、照明和定期维护等相结合，以设计出更安全的住宅。

与瞭望 - 庇护场景中的瞭望作用类似的是自然监控的概念。公共空间的自然监控是指人们在不使用监控摄像头的情况下，对该空间进行非正式的观察或监视。这可能会让人联想到 20 世纪 60 年代的美国情景喜剧《家有仙妻》（*Bewitched*）中那个极度爱管闲事的邻居格拉迪斯·克拉维茨（Gladys Kravitz），但实际上，如果人们能够观察到一个空间中发生的事情，其实可以起到震慑罪犯的作用。简·雅各布斯在其经典著作《美国大城市的死与生》（*The Death and Life of Great American Cities*）中，将这一概念称为“街道之眼”（eyes on the street），并强调了让邻居和社区成员能对周围空间进行观察的重要性。

对场所营造与社会参与的启示

目前，全球许多城市都关注着场所营造的策略，借此复兴城市区域和加强社区归属感。设计这样的空间有时会让人感觉像在试错——借鉴在某些城市行之有效的成功策略，结果却发现它们在其他环境中并不适用。然而，设计师还是必须积极地参与循证实践和研究，以此创造美好场所。尽管设计是因地制宜的，但提供瞭望与庇护的机会一般都是创造一个成功的、让人们愿意停驻的城市空间的关键。新的城市规划原则常常提倡在繁忙的居住区街道上设置一个标志性的门廊，这就是瞭望 - 庇护理论的最好例子——让人们能够观察街道，并与他们的邻居进行友好交流。这种设计也可以在巴黎的临街咖啡馆中看到。这些咖啡馆非常适合人们一边喝着卡布奇诺、吃着羊角面包，一边观察繁忙的行人区。这一概念也在

图 2.1　纽约的高线公园在第 10 大道设置了一个露天观景剧场，提供了一处理想的瞭望 - 庇护场所。（来源：德布拉・库欣）

纽约高线公园中有所体现，如图 2.1 所示，一个观景平台为人们观察切尔西街区的街头生活提供了绝佳的瞭望场地。这是一个观察人的好地方。正如威廉・怀特在其代表作《小城市空间的社会生活》（*The Social Life of Small Urban Spaces*）一书中直接指出的，人们就是喜欢观察别人（Whyte et al.，2012）。

作为一个建在废弃高架上的公园，高线公园很好地体现了瞭望 – 庇护理论，其受欢迎程度也证明了这个理论的重要性。高线公园提供了人们许多瞭望的机会，能够眺望包括自由女神像、自由塔、哈德逊河、惠特尼艺术博物馆以及曼哈顿典型的街道景观，让人们拥有不同于去纽约其他普通公园的体验（Cushing and Pennings，2017）。虽然不如瞭望机会那么突出，但通过种植设计、相邻建筑的砖墙以及整个公园内高程的微妙变化，高线公园的庇护感仍然有所体现。在西 28 街公园旁由已故的建筑师扎哈・哈迪德（Zaha Hadid）设计建造的波浪形住宅楼，也将瞭望 – 庇护的概念付诸实践。该建筑大面积的开窗正对着高线公园，公园的游客可以一睹高端公寓单元楼的风采，同时楼里的居民也可以从自己房间内的有利位置眺望公园。这或许提出了一个重要的问题：如何才能更好地在城市设计中运用瞭望 – 庇护理论？

1）儿童的瞭望 – 庇护

同一设计可能难以满足所有使用者的需求，因此更重要的是要关注那些在城市环境中更有可能感到不安全或不舒服的弱势群体。第 8 章将更详细地讨论其中的一些考虑因素，但在这里，我们需要简要地讨论一下与儿童有关的瞭望－庇护理论。

如果你还记得自己的童年，或者有了孩子，你可能会发现学龄前儿童喜欢打造自己的秘密基地或庇护所。我童年时期最喜欢的是在家里的客厅用沙发垫、毛毯、餐桌椅和扫帚杆建造一座堡垒。你也会发现，孩子们躲在一个大盒子里玩玩具时，前者得到的乐趣比玩玩具本身更多。研究表明，年仅三岁的幼儿就已经懂得创造属于自己的秘密藏身之处，并更愿意在阴影处玩耍，因为在那里可以藏起来不被看到，并且让他们感到十分安全（Corson et al.，2014；Colwell et al.，2016）。这些空间让他们可以避开成年人或年龄稍大的儿童，他们在那里可以放心地自由玩耍。这类空间不仅仅给他们提供了物理的屏障，更给予了他们心理上的安全感。这种空间使用方式表明，儿童更喜欢与成年人分开的独立空间，在那里他们可以自由选择让谁进入他们的秘密场所。他们希望拥有自主权，甚至希望用“魔力”创造一种不让成年人看到的感觉。这种行为表明，幼儿的安全感既来自被成年人看见，但也需要假装自己没被看见。儿童往往怀着或好玩或严肃的意图，“现在你看得见我，现在你看不见我”在这种情况下就成了他们的座右铭。

了解儿童如何感知和使用空间对设计具有包容性和支持性的空间非常重要。设计儿童友好性城市需要考虑一个问题（详见第 8 章）——鉴于儿童仍然需要成年人的照管，因为他们往往更容易受到交通隐患等常见危害的威胁，那如何将儿童对庇护的偏好纳入城市设计方案呢？

深入挖掘：研究城市空间中的瞭望 - 庇护

利用研究更好地了解人们如何与城市环境互动，以及他们如何使用和感受环境，是创造更好场所的关键一步。设计师、规划师和决策者可以与大学或其他研究机构的研究人员合作，收集实证数据，以支持未来的设计和规划决策。重要的是要使用适当的创新方法，以便真实地表述新的信息，并验证或反驳那些经常被提出的假设。下面将介绍其中的一些方法，不过这些方法的例子并不够全面。

对 30 项使用社会科学方法调查瞭望－庇护理论的研究进行的分析表明，大多数研究都要求参与者以图像或其他为媒介、评价环境的偏好和舒适度等方面（Dosen and Ostwald，2013）。30 项研究中约有一半使用真实环境，一半使用计算机生成的模拟环境。在使用真实环境的研究中，只有两项研究将参与者带到现场进入实际环境中。其他以图像为媒介的研究中还需考虑样本量和参与者特征、图像所反映的设计风格，以及参与者观看图像或场景的时间。在任何设计评估瞭望－庇护理论的研究时，都应遵循最佳做法，并注重预期结果和每种方法的局限性。

莱斯维克等人为了更好地了解城市环境的安全性，使用了一种主流的方法——照片引导访谈法（photo-elicitation）（van Rijswijk et al.，2016）。研究人员事先针对瞭望、隐蔽和截留性各选出一大组照片，由一个专家小组进行校准，然后针对每张照片向参与者提一系列问题，并让其填写计量表问卷。比如：你觉得这个环境整体是好还是坏？这种方法有助于研究者更好地了解人们如何感知和比较他们有可能遇到的环境，也使得研究者能够知道如何保持与参与者个人特征和环境条件（如天气）相关的变量不变。

认识瞭望 - 庇护的重要性

将瞭望－庇护理论融入设计，是理解和创造一个令人感到舒适的场所的关键。感知到的和实际上的安全感对人们的幸福同样重要。能看到周围的事物，并在一定程度上感受到被保护，会使人们在城市空间中感到舒适。提供良好的瞭望－庇护环境还可以提供社区参与、观望人群和公共表演的机会，同时也能增进邻里关系。下一章我们将讨论个人空间理论。

参考文献

Appleton, J. (1996). The Experience of Landscape. Chichester: Wiley and Sons.

Blöbaum, A. & Hunecke, M. (2005). Perceived Danger in Urban Public Space: The Impacts of Physical Features and Personal Factors. Environment and Behavior 37(4): 465 - 486.

Cinar, E. & Cubukcu, E. (2012), The Influence of Micro Scale Environmental Characteristics on Crime and Fear. Procedia - Social and Behavioral Sciences 35: 83 - 88.

Clamp, P. & Powell, M. (1982). Prospect–Refuge Theory under Test. Landscape Research 7(3): 7 – 8.

Colwell, M., Gaines, K., Pearson, M., Corson, K., Wright, H. & Logan, B. (2016). Space, Place, and Privacy: Preschool Children's Secret Hiding Places. Family and Consumer Sciences Research Journal 44(4): 412 – 421.

Corson, K., Colwell, M. J., Bell, N. J. & Trejos–Castillo, E. (2014). Wrapped Up in Covers: Preschoolers' Secrets and Secret Hiding Places. Early Child Development and Care 184(12): 1769 – 1786.

Crowe, T. (1994). Understanding CPTED. Planning Commissioners Journal 16: 5.

Cushing, D. & Pennings, M. (2017). Potential Affordances of Public Art in Public Parks: Central Park and the High Line. Urban Design and Planning: Proceedings of the Institute of Civil Engi–neers 170(6): 245 – 257.

Dosen, A. S. & Oswald, M. J. (2013). Methodological Characteristics of Research Testing Prospect–Refuge Theory: A Comparative Analysis, Architectural Science Review 56(3): 232 – 241.

Dosen, A. S. & Oswald, M. J. (2016). Evidence for Prospect–Refuge Theory: A Meta–analysis of the Findings of Environmental Preference Research. City, Territory and Architecture 3(4): 1 – 14.

Hudson, B. (1992). Hunting or a Sheltered Life: Prospects and Refuges Reviewed. Landscape and Urban Planning 22: 53 – 57.

Jacobs, J. (1961). The Death and Life of Great American Cities. New York: Random House.

Newman, O. (1996). Creating Defensible Space. Washington, DC: US Depart ment of Housing and Urban Development Office of Policy Development and Research.

Senoglu, B., Oktay, H. E. & Kinoshita, I. (2018). An Empirical Research Study on Prospect – Refuge Theory and the Effect of High–Rise Buildings in a Japanese Garden Setting. City, Territory and Architecture 5(3): 1 – 16.

Singh, P. & Ellard, C. (2012). Functional Analysis of Concealment: A Novel Application of Prospect–Refuge Theory. Behavioural Processes 91: 22 – 25.

van Rijswijk, L., Rooks, G. & Haans, A. (2016). Safety in the Eye of the Beholder: Individual Susceptibility to Safety–Related Characteristics of Nocturnal Urban Spaces. Journal of Environmental Psychology 45: 103 – 115.

Whyte, W., Kanopy & Municipal Art Society of New York (2012). The Social Life of Small Urban Spaces: A Film. Subiaco, WA: Kanopy [distributor].

3 个人空间理论——保持距离

个人空间理论，又称空间关系学，专门研究人们如何利用身体周围的物理空间。这既是一种空间语言，也是我们与生俱来的一种需求——期望与他人保持一定的物理距离。

在地球上生活的 77 亿人口中，超过一半的人生活在城市。不论是高密度的公寓、蔓延的郊区，还是混乱的非正式居住区，不同的城市空间会让我们的体验大相径庭。然而，无论是生活在拉斯维加斯、雅加达还是墨尔本，我们每个人都带着一个无形的“个人空间泡泡”，以帮助我们在空间中穿行。这种本能的无形保护区域，被神经科学家迈克尔· 格拉齐亚诺形象地描述为“口臭区[1]”或“躲避缓冲区”（Michael Graziano，2018）。这解释了为什么在拥挤的公共交通上，当我们和陌生人坐得太近时，往往会感到不舒服；比起老板，为什么人们更倾向于离自己的好朋友近一些。如何在物理空间中感知、管理、行动和获得感受是个人空间理论的精髓。本章结合公共座椅、工作场所和建筑设计的实际案例，讨论了个人空间理论为什么对设计师来说具有重要意义。

个人空间的理论渊源

第一个提出动物个人空间观念的是生物学家、动物心理学家海尼 · 海迪格（Haini Hediger，1908—1992）。海迪格相继任职过瑞士伯尔尼、巴塞尔和苏黎世动物园的馆长，他观察到动物会被许多无形的自然时空限制其领地和行为。动

1 bad breah zone 指人与人的距离太近以至于可以闻到彼此的口臭，表明距离太近会让人不舒服。——译者注

物之间自然而然地保持着非常恒定的距离，而且似乎会通过非语言的身体动作进行交流。根据与其他动物保持的距离，它们表现出不同行为。海迪格在《圈养中的野生动物》（*Wild Animals in Captivity*）中概述了动物的生物社会距离、飞行距离、防御和个人空间等概念（Haini Hediger，1950），为后来的人类社会距离理论奠定了基础。

文化人类学家和跨文化研究者爱德华·霍尔（Edward T. Hall，1914—2009）对海迪格提出的概念尤其感兴趣。霍尔曾观察到人类空间行为中类似的跨文化模式，并将此作为跨文化交流的技巧向美国外交官传授。例如，北美人和南美人仅仅因为站得太近或太远，就会误解对方太过“急躁”或“冷淡”。随后，霍尔在《无声的语言》（*The Silent Language*，1959）和《隐藏的维度》（*The Hidden Dimension*，1966）等几本重要的著作中，探讨了空间、时间和文化的微观层面。他创造了术语“空间关系学”（proxemics），并将其定义为“关于人类如何无意识地构建微观空间，包括：在日常交往中的人际距离，房屋和建筑中的空间组织，以及最终形成的城镇布局的研究”（Hall，1963：1003）。

在《隐藏的维度》中，霍尔有力地证明了空间就如语言，所以通过人们在自己和他人之间建立的距离来传达意义。霍尔提出了两个核心论点，也是今天我们理解个人空间的基础：第一，对空间的解读一般是隐性的，存在于我们的潜意识中（因此其书名为《隐藏的维度》）；第二，人们都会从文化中潜移默化地了解空间的规则和提示，文化也决定了人们对个人空间的期望和个人空间的尺度界限。霍尔提出了四种不同的人际距离：亲密距离、个人距离、社交距离和公共距离，这四种距离至今仍为当代设计师提供着重要的指导。理解这种空间语言对设计师来说至关重要。正如霍尔所解释的，“如果认识到人被一系列无形的泡泡所包围，而这些泡泡的尺寸是可测的，那么就可以用一种新的眼光来看待建筑”（Hall，1966：121）。霍尔的空间分类法具有显著的局限性——它是在北美文化语境下发展起来的。然而，正如后文中所说，尽管有一些个体和文化上的细微差别，但这种空间模式总体上还是普遍成立的。霍尔最初还将每种个人区域分为近阶段和远阶段，但这种区分在后来的研究中很少使用。

- 第一区：亲密距离。在半米以内（15 ~ 45 厘米，6 ~ 18 英寸），这个空间只属于非常亲密的人之间。在这个距离内，另一个人的存在是非常明显的，有时甚至是具有压迫感的——可以看到、感觉到、闻到、听到甚至触摸到对方的身体。这是信任、爱情和亲密的距离，可以与对方私语、拥抱、交欢，可以抚摸、安慰和保护对方。一般情况下，人们只有在得到允许的情况下才会进入这个亲密的距离区，而且只有情感上亲近的人（家人、恋人、密友）才能够得到允许。如果别人未经允许就进入这个亲密空间，是一种带有侵略性的行为。
- 第二区：个人距离。0.5 ~ 1.2 米（约 1.5 ~ 4 英尺），个人距离就是“一臂距离”。它适用于家人和朋友之间的交往。当与陌生人如此近距离地坐在一起时（比如在飞机或火车上），这种近距离的接触通常会让人们感到有些不舒服。
- 第三区：社交距离。1.2 ~ 4 米（约 4 ~ 12 英尺），这种社交距离空间适用于日常与熟人的互动，比如商务会议中的同事，或者社交场合中的团体。在这个空间距离中，交往比较正式，也需要用比较大的声音交谈。
- 第四区：公共距离。大于 4 米（约 12 英尺以上），这是报告厅、大型会议，以及与权威人士之间的距离。这是一种可以安全地忽略另一个人的距离。一眼望去，人们可以看到别人的整个身体，但必须大声说话来交流，并且无法捕捉到人与人之间细微的差别。

在每个人的个人空间界限内，感知可以是积极的，也可以是消极的。例如，“当着别人的面”这句话经常被当作一种威胁。美国总统唐纳德·特朗普（Donald Trump）就是一个经常打破传统个人空间规范的例子，他近距离的身体姿势会让人感觉非常不适。在 2016 年的第二次总统辩论中，他经常站得离希拉里·克林顿（Hillary Clinton）过近，入侵了希拉里的个人空间。个人空间边界在人们身体周围形成了一个无形的安全区域，当他人未经允许侵入个人空间时，人们就会感到焦虑、不舒服。

试想一下你在非常拥挤的公共空间中的经历和本能行为。在拥挤的电梯里，你是否会安静地站着，避免目光接触，看着自己的脚？当一个陌生人由于某种原因闯入你的个人空间，站得离你很近并对你说话时，你会本能地往后退吗？上一次你在机场候机厅时，你选择了什么座位？你是否尝试与其他候机乘客分开坐，并将自己的物品放在旁边的空位上，以宣示“自己的空间”？

个人空间理论的典型例子是人们在公共交通工具上的行为。除非是集体出行，否则所有成排的空座位上一般只会有一个人。只有当每一排都有人的时候，陌生人才会开始挨着坐。这些情况下人们的本能反应说明了个人空间理论和空间关系学仍然是一种重要的、无形的力量，塑造了日常生活的节奏、人流涌向、活动和体验。

属地性思维

通过装置对公共空间中可防卫的部分进行标记和主权宣示，是文化惯例、情境因素和权力的象征。属地性（territoriality）是指一个人利用无形或有形的边界来控制一个区域的行为。它反映了人们对占有空间的基本需求，萨默尔提出了属地的四种类别：公共属地、家庭属地、社交属地和个人属地（Sommer，1969）。第一类，公共属地，是指每个人可以自由出入的地方，如街道和公园。往往由于没有边界标记，人们可能会用包、书、外套和水瓶等个人物品标示出自己的领地。或是躺在公园的长椅上，在自己周边铺开野餐布或地毯，或是在短暂离开时将饮料瓶放在桌子上，这些行为都是人们在公共场所标记出自己的领地并“宣示主权”的例子。男性和女性常以不同的方式在公共交通工具上标识自己的属地，如“大爷式占座”（男性通过张开腿部占据两个座位）和“用包占座”（女性用手提包保留空间）。第二类，家庭属地，是指某个群体占据一个特定的空间。第三类，社交属地，包括有特定边界和规则的社交聚会，如读书会或写作小组。如 20 世纪 80 年代的美国情景喜剧《干杯》（*Cheers*），一小群朋友会定期在波士顿的酒吧聚会。同样，在 20 世纪 90 年代的电视节目《老友记》（*Friends*）中的中央公园咖啡馆，也是一个受欢迎的第三类空间属地。最后一类是个人属地，是紧紧围绕着人们的个人空间，有着无形的边界。人们可能会通过在咖啡馆、图书馆或在自己的家中设置一个首选位置来识别和划定个人属地。属地性本质上是人们对感知到的空间标识所有权的需求，是个人空间理论在物体、事件和场所上的延伸。这些边界的性质和使用者对个人空间的需求，将极大影响设计师对场所的大小、形状、尺度和比例的设计。

个人空间的大小、规则和灵活性

在深入探讨个人空间理论应该如何为设计实践提供参考之前，我们首先简要回顾一下霍尔关于空间的研究。霍尔的空间分类学的一种常见反对意见认为，它主要是基于北美环境且源于个人经验和跨文化交流形成的，不具有广泛的普遍性。来自人类学、社会学、心理学、传播学、地理学和设计学等一系列学科领域的学者，系统地探讨了多种文化和语境下的个人空间、空间关系学和属地性概念。这些大量的研究表明，无形的个人空间“泡泡”是存在的，但其“大小”却因国籍、文化、种族、个性、性别、年龄、相识程度、地点和具体情形等因素而不同。

文化是预测物理距离偏好的重要因素，地中海、阿拉伯和拉美文化中的个人空间明显小于北欧和北美文化。除了社会文化习俗外，最近的研究表明，心理变量和生态变量（包括财富和环境因素，如居住地区的温度、寄生虫压力[1]和人口增长率）也会影响文化模式下的人际距离。一项评估空间边界的研究选取了来自42个国家的8943名参与者，要求他们画一张简单的示意图展示自己在交谈中与另一个人（陌生人、朋友或更亲密的关系）的舒适距离。结果表明参与者的性别和所在国家的平均温度是影响人们社交距离的主要影响因素，女性和来自寒冷国家的人更喜欢与陌生人保持更远的距离（Sorokowska et al.，2017）。

奥兹德米尔利用暗中设置的延时摄影装置调研了土耳其和美国购物中心使用者的人际距离（Ozdemir，2008）。他记录了三千多个人际距离，结果显示，土耳其商场中的成对人际交往比美国商场中的更密切，而最远的人际距离是青少年之间的交往距离。还有一项令人印象深刻的实验是关于男用小便器使用情况的研

1 “寄生虫压力理论”（Parasite Stress Theory）认为，寄生虫和疾病的泛滥会影响人类群体的心理特征，进而影响其价值观、文化。“寄生虫”是一种象征的说法，可以指代任何病原生物。——译者注

究。研究人员改变了小便器之间的距离，然后测量使用者排尿的速度和持续时间，结果表明使用者之间距离越近，排尿的延迟时间就越长（Middlemist，Knowles and Matter，1976）。还有类似的研究表明，当有人坐在离饮水机更近的地方时（如1英尺相较于5～10英尺），男大学生从饮水机喝水的可能性更小，饮水量更少（Barefoot，Hoople and McClay，1972）。这些例子都表明，即使人们不知道个人空间理论的存在，个人空间也时刻影响着人们的日常行为。

个体差异，如性格、创伤后应激障碍（post-traumatic stress disorder，PTSD）和自闭症谱系障碍（autism spectrum disorder，ASD），也会影响个人空间的大小、规则和灵活性。外向者的个人距离区域比内向者小。外向者可能更喜欢和别人站得近一些，而内向者可能会选择角落里更隐蔽的安全空间（见第2章的瞭望－庇护理论）。空间关系还能预示朋友关系——在工作中彼此坐得很近或住得很近的人更有可能成为朋友（Festinger，Schachter and Back，1950）。最近的一项研究考察了合租学生公寓，这类公寓在设计上鼓励无意识的社交（如共享的公共区域和非独立浴室等），这些设计特征被证明与学生人际关系交往和幸福感的增加有所联系（Easterbrook and Vignoles，2014）。精神疾病和发育障碍也会改变人们为个人空间设定规则的方式。患有PTSD的男性退伍军人、身体受虐待的儿童和患有ASD的儿童的个人空间范围明显更大，这导致他们时常会误解空间中的社会性提示，并且也无法适当调节自己与他人的人际距离（Gessaroli et al.，2013）。

用空间语言进行设计

上述大量重要研究提醒设计师，创造美好场所需要设计师对个人空间理论有深刻的理解。空间设计既可以将人们分开，也可以将人们聚集在一起，好的场所可以满足我们对亲密关系、个人联系、社交、聚会以及独处等行为的不同需求。霍尔发现，固定的要素（空间中的固定物体，如墙、门和窗）和半固定的要素（可移动物体，如家具、椅子和桌子）都会影响人们对个人空间的感知和使用。而英国精神病学家汉弗莱·奥斯蒙德（Humphry Osmond）则是首位发现特定的空间布局可以鼓励或阻止社会互动的人。奥斯蒙德创造了“社会离心”（sociofugal，分隔人群）和“社会向心”（sociopetal，聚集人群）这两个概念。顾名思义，社会离心空间是网格状的，如演讲厅的座位、教堂的长椅或图书馆的走廊，而社会向心空间则是辐射状的，旨在促进亲密交流。在更大的尺度上，纽约华盛顿广场中那些相互连接的螺旋形、环形和漏斗形的社会向心座椅就是促进社会互动的优秀示范。在较小的尺度上，经理办公室里的椅子可能会以社会向心排成半圆形，以鼓励友好的交谈；或者以社会离心的方式面对面布置，以加强等级划分。

在后来的研究中，奥斯蒙德与环境心理学家罗伯特·萨默尔合作，对这些想法进行了试验。他们重新设计了精神病院的会客室，使人际互动的频率增加了一倍。在萨默尔 1969 年出版的经典著作《个人空间：设计的行为基础》（*Personal Space: The Behavioral Basis of Design*）中，他反思了设计和家具陈设对社会行为的影响，认为建筑的建造应该首先考虑功能和实用性，而不是形式或美学。萨默尔在以观察为基础的跨学科空间研究中强调了循证设计对公共建筑和空间的重要性。他通过观察监狱、养老院、学校、机场和医院等不同场所的座位排布模式和行为，验证了人们对隐私有着本能的需求，并且会利用角落、“扫帚间、消防通道或厕所”来寻求隐私感（Sommer，1969：93）。萨默尔将机场描述为社会中最具离心性的地方，并感叹在候机空间中，呆板布置的成排座椅布局是为分隔而设计的，而不是为联系而设计的。纵观机场设计的逐步发展，很可能会发现当代空间设计实践已经发生了重大变化，现代机场不再那么死板、缺少灵魂，最典型的特点是其中置入了很多灵活的家具，以及一些非常有创意的亲自然和可持续设计实践（见第 6 章和第 10 章）。

琳达·努斯鲍尔（Linda Nussbaumer）的《建成环境中人的因素》（*Human Factors in the Built Environment*）一书强调了空间关系学对于室内设计实践的重要性，她解释了室内设计师必须创造能够避免私密空间边界被打破的环境（Linda Nussbaumer，2013）。例如，室内设计师需要确保酒吧里相邻的鸡尾酒桌不会靠得太近，以免打扰到对方的私人谈话（亲密区）；在等候室里使用椅子而不是沙发，以便人们可以与陌生人分开（公共区）。根据区域的不同，材料的选择也会有所不同。小尺度的物件、复杂的细部设计、独特或珍贵的材料最适合用于私密的个人空间，由业主私人独享。用于社会性空间中的材料必须更耐用，以适应广泛的活动需求和使用者，用于公共空间的材料还必须考虑公共安全和耐久性问题。例如，办公室工作空间的材料需要能够承受沉重的包，还需要便于清洗，因为随时可能有咖啡倾洒其上；托儿所的材料则必须适龄适配，满足精力旺盛的儿童的需求；人流量大的医院对耐用性、清洁性和健康性更是有特别的需求。

活动的性质、独特的个人特征以及个人身体尺寸共同决定了环境中所需的设计要素，以支持人们在其中的反应和移动。在布莱恩·劳森（Brayan Lawson）的反思性著作《空间的语言》（*The Language of Space*）中，描述了在接待区（如医生候诊室）设计人与人之间距离的挑战。接待者和等待的座位之间的距离需要足够近，以便偶尔可以进行友好的交谈，但又要足够远，以免接待者在工作时被访客视作无礼。空间布局，特别是距离的设置和椅子的安排，决定了人们的互动方式。然而，实际中人们很少考虑到这一点，因此劳森的爱好之一就是拍摄设计不佳的接待空间。

个人空间和属地性是非常关键的设计考虑因素，甚至在宇航员的选拔过程和空间站的设计中都有体现。美国国家航空航天局的一份技术报告强调，给予人们机会远离他人对维持心理健康至关重要。空间站的建造指南也强调了隐私在飞行空间环境中的重要性，包括用墙和门隔绝视线和声音，保证视觉和声环境的私密性；通过空间中的人员排布来促进物理私密性；通过卫生设备和空气过滤系统来保证嗅觉私密性；还有内墙采用相对较浅的颜色，以创造一种宽敞的感觉（Harrison，Caldwell and Struthers，1988）。有趣的是，这份报告指出，“在设计过程中，不能忽视个人空间和属地性的文化决定因素”，其中的第 59 条建议还指出，“不要只针对那些对个人空间有特殊要求的人”。

个人空间理论，实质上是提醒设计师在设计过程中要把使用者的空间需求放在首位。无论是设计房间内家具的摆放位置、公共通道上的座位，还是公共长椅的长度，在过程中有意识地考虑个人空间理论都利于我们创造能够“容纳、分离、建构与组织、促进、提高甚至颂扬人们空间行为的容器”（Lawson，2001：4）。

公共空间座位中的个人空间和针对性别敏感人群的公园设计

在传统的实用设计中，简朴的公共座椅或公园长椅是公共领域的一个重要特征，也是公共空间的典型象征。经过时间验证的优秀公共空间政策，以及城市设计理论家威廉·怀特和扬·盖尔的作品不断提醒我们，精心设计的街具（长椅、座椅、壁架、墙面和花盆）有助于营造社区感，促进积极的社会互动。公共长椅会很受欢迎，也是民主、友好和以人为本的有形象征，为所有人提供了自由、便捷和公平的公共空间。然而，公共长椅也可能是不友好构筑物的范例，许多城市在长椅设计中增加额外的阻隔，以防止流浪汉露宿，如投币式公园长椅，人们必须投币长椅才会收起尖锐的钢钉。

经典的公园长椅由简单的木板条和金属扶手组成，其变化反映了社会价值的演变过程。将 Wi-Fi、太阳能电池板、照明和手机充电站无缝整合的智能长椅，正越来越多地出现在我们的公共空间中。这些长椅可以监测大气状况、空气质量，甚至可以启动内置风扇为人们降温。公共座椅有时还会含蓄或明确地传达一些社会规范。从校园中可以坐下来表示需要朋友的“交友椅”，到荷兰显示体重的长椅作为激励健身的工具，户外座椅的设计和使用在不断发展。

最实用的公共座椅，包含了对人体工学（身高、体重、坐高、臀膝高度、膝关节前后高度、大腿间距）的理解，也尊重个人空间“泡泡”，使人们与陌生人保持适当的距离。如芬兰赫尔辛基的简易座椅之间略微拉开间距，使人们在大雪纷飞的冬季也能够保持个人空间的界限。类似的间距在中国香港某处环形座位上也能被很明显地看到，两个陌生人可以很容易地共享这个空间（图 3.1）。由于人们往往觉得与陌生人面对面坐着不舒服，所以很多座位并不是面对面设置的，一系列的座位选择让人们可以轻松地与朋友坐得更近，或者与陌生人坐得更远。但这些座椅缺少的是扶手，无法帮助行动不便或视觉障碍人士落座和起身，也无法让他们感到安全和稳固。

基于明确邀请陌生人进入个人空间意愿而产生的“好友”长椅理念，来自英格兰莱斯特郡的独立设计师林赛·杨（Lyndsey Young）于 2018 年推出了“友好长椅”

图 3.1　在亚热带的中国香港的环形座位。（来源：伊冯娜·米勒）

（Friendly Bench）设计。还有一些将社区花园与座椅结合的例子，都明确地告诉使用者（主要是老年人、孤独者和社会隔离人群），人们之间对话和联系不仅是需要的，也是受欢迎的。关键的是，正如盖尔在《交往与空间》（*Life Between Buildings*）一书中所指出的，人们在开放空间中会感到暴露和不自在（瞭望 – 庇护理论），而长椅与植被的结合恰好能提供一种安全感。

空间思维也指导了维也纳市内公共公园的重新设计。正如本书第 7 章所讨论的那样，当代公园设计必须满足多个使用者群体的娱乐和社会需求——公园是儿童的游戏空间、父母照看孩子的场所、青少年闲逛的地方，也是退休老年人运动和聚会的场所。然而，奥地利的一项研究发现，10 至 13 岁的女孩往往会回避公园和公共开放空间，因为这些空间使用了“男性”空间和功能设计模式。为此，维也纳率先进行了针对性别敏感人群的公园设计，使这些女孩愿意重新进入公园，以增加总体使用者的数量。在举办研讨会了解了女孩的喜好后，设计人员对圣约翰公园（St. Johann Park）和艾因西德勒公园（Einsiedlerpark）（现在的布鲁诺克里斯基公园 Bruno-Kreisky Park）进行了一次再设计，设置了多功能游戏区、安静区和更宽的带有照明的步行道，足球场被改造成其他活动场所（羽毛球场和排球场），以吸引所有年龄段的女孩和男孩。此外，还在草地上增加了简单的 4 米 ×2 米的木质平台，使之成为“可利用的小岛，并且在现有的树木之间精心布置这些平台，让它们在公园内形成空间单元的中心”（Jorgensen and Licka，2012：232）。该成功案例经常被当作最佳实践的典范，以示针对性别敏感群体的休闲空间规划正式成为维也纳公园设计导则的一部分。而且，正如下面所摘录的，对空间使用中个体差异的思考往往会对人们的健康与幸福产生重大影响，就像应当关注瞭望 – 庇护理论一样：

> 如果能关注到女性的使用意愿，那么她们对绿地、公园和广场的使用频率就会明显增加。例如，如果有舒适的庇护，如果设计本身和使用规则都指向更安静的使用模式，如果安全感、美观度和气氛营造的设计标准都能得到满足（女性的标准一般高于男性），那么使用绿地的女性就会更多，而且行为上的性别差异也会大大减少。如果女性更少出现或聚集在外围区域，那一定是因为这些区域的开放空间更多是为频繁移动的活动或为在他人面前进行自我展示而设计的。
>
> （Harth，2007）

设计工作场所与建筑中的个人空间

在过去的十年里，当代办公场所的外观和氛围已经有所变化，从单独的办公室转变为开放式和共享办公桌的工作场所。从建筑和心理的角度来说私密性是必要的，包括视觉和听觉上的隔绝，并控制与他人的接触。因此，开放式工作场所设计往往会降低员工的幸福感和生产力，这一观点得到了越来越多研究证据的支持。员工们常见的抱怨包括容易分心、难以完成个人工作以及不得不与许多人密切接触的感官挑战等——因为不同的人有不同的个性、卫生习惯和空间期望。显然，当代工作环境中的许多压力都是因为人们的个人空间受到了侵犯——同事经常会坐在近距离或亲密的范围内。优秀的设计首先要深入考虑人们如何使用空间。建筑师弗兰克·盖里（Frank Gehry）为麻省理工学院设计的一栋教学楼，以人们如何利用空间寻求（或避免）社交互动为原则：

> 这一项目要给七个需要相互交流的部门建造一栋大楼。要让他们中即使是内向的人也能够找到与他人互动的方式，而这栋楼的功能就是促进这种互动。要达到这种目的很简单，只要把食堂放在中间，把他们的休息空间放在食堂的视野范围内即可。这意味着他们可以看到其他教授什么时候去吃午饭，就会说："哦，天哪，我想和那个人聊天。他要去吃午饭，我也要去吃午饭。"就是这么简单，但我觉得成功也只需要这么简单。
>
> （Gehry，2004：24）

这种对个人和社会空间需求的认识，在中国建筑师、2012年普利兹克建筑奖（Pritzker Architecture Prize）获得者王澍的设计实践中有所体现。王澍回顾了他设计的一栋高层公寓楼（2002—2007，中国杭州的垂直院宅，Vertical Courtyard Apartments）并介绍说，他给每个家庭设计了一个小庭院，每10个家庭共用一个公共小庭院，以此来建立邻里关系。以个人空间的术语来说，是同时提供了私密的个人空间以及社会性空间。王澍最近走访了这栋楼，观察到人们对空间的使用情况与他的预期有所不同：他失望地发现，一楼的公共庭院空空荡荡，无人使用，灰尘很多。在五楼的院子里，一个孩子正在那里做作业，而在十一楼，那里已经变成了一个美丽的花园，有花有树。这个中国案例说明了不同的人对同一空间的使用会产生明显不同的结果。

个人空间理论的持续性需求

从这些简短的例子中，我们可以清楚地看到满足多种多样的个人空间偏好和空间距离需求的必要性。然而，一个发人深省的连衣裙设计凸显了人们对个人空间的持续需求。媒体艺术家卡特勒恩·麦克德莫特（Kathleen McDermott）为应对公共交通上的频繁拥挤，设计了一件电动的可延展裙摆的“个人空间”裙装。虽然这种极端的时尚单品不可能成为我们城市环境中的日常用品，但这件衣服却再次强调了每个人都随身携带着“无形的泡泡”。为了创造美好场所，设计师必须深入思考个人空间理论，让人们的空间需求得到满足。在下一章中，我们将探讨倾听场地的声音、寻找独特的地方性——场所精神。

参考文献

Barefoot, J., Hoople, H. & McClay, D. (1972). Avoidance of an Act which Would Violate Personal Space. Psychonomic Science 28(4): 205 - 206.

Easterbrook, M. J. & Vignoles, V. L (2014). When Friendship Formation Goes Down the Toilet: Design Features of Shared Accommodation Influence Interpersonal Bonds and Well-being, British Journal of Social Psychology 54(1): 125 - 139.

Festinger, L., Schachter, S. & Back, K. (1950). Social Pressures in Informal Groups: A Study of Human Factors in Housing. Oxford: Harper.

Gehry, F. (2004). Reflections on Designing and Architectural Practice. In R. J. Boyland & F. Collopy (Eds.), Managing as Designing. Stanford, CA: Stanford University Press, 19 - 35.

Gessaroli, E., Santelli, E., di Pellegrino, G. & Frassinetti, F. (2013). Personal Space Regulation in Childhood Autism Spectrum Disorders. PLoS ONE 8(9): e74959.

Graziano, M. (2018). The Spaces Between Us: A Story of Neuroscience, Evolution, and Human Nature. Oxford: Oxford University Press.

Hall, E. (1959). The Silent Language. New York: Doubleday

Hall, E. (1963). A System for the Notation of Proxemic Behavior. American Anthropologist 65(5): 1003 - 1026.

Hall, E. (1966). The Hidden Dimension. New York: Doubleday.

Harth, A. (2007). Open Space and Gender: Gender-Sensitive Open-Space Planning. German Journal of Urban Studies 46(1). Retrieved from www.difu.de/publikationen/open-space-and-gendergender-sensitive-open-space.html

Hediger, H. (1950). Wild Animals in Captivity. London: Butterworths Scientific Publications.

Jorgensen, A. & Licka, L. (2012). Anti-planning, Anti-design? Exploring Alternative Ways of Making Future Urban Landscapes. In A. Jorgensen & R. Keenan (Eds.), Urban Wildscapes. New York: Routledge, 221 - 236.

Lawson, B. (2001). The Language of Space. New York: Routledge.

Middlemist, R., Knowles, E. & Matter, C. F. (1976). Personal Space Invasions in the Lavatory: Suggestive Evidence for Arousal. Journal of Personality and Social Psychology 33(5): 541 - 546.

Nussbaumer, L. (2013). Human Factors in the Built Environment. London: Fairchild Books.

Ozdemir, A. (2008). Shopping Malls: Measuring Interpersonal Distance under Changing Conditions and across Cultures. Field Methods 20: 226 - 248.

Sommer, R. (1969). Personal Space; the Behavioral Basis of Design. Englewood Cliffs, N.J: Prentice-Hall.

Sorokowska, A. et al. (2017). Preferred Interpersonal Distances: A Global Comparison. Journal of Cross-Cultural Psychology 48(4): 577 - 592.

4 地方性理论 / 场所精神——发现秘密

genius loci 是拉丁语，意思是“场所精神”。在当代设计实践中，能够真正了解、联系并突出一个地方独特的历史、环境、气候、地形、文化或传统的，通常是那些经验丰富、受人尊敬的设计师。

当代城市设计经常被批评为平庸的、普通的和“地方性缺失”的，与当地独特的区位、背景和社区环境脱节。就如《小盒子》（*Little Boxes*）的歌词，这是美国民谣及蓝调歌手、政治活动家马尔维娜·雷诺兹（Malvina Reynolds）在 1962 年创作的一首歌曲。她的歌词哀叹了旧金山湾区的城市化进程和在山丘上一排排千篇一律的房子（小盒子）。如果觉得这首歌很耳熟，你可能还记得它是电视剧《单身毒妈》（*Weeds*，2005—2008）的主题曲，该剧描绘了住在郊区的丧偶妈妈南希·博特温（Nancy Botwin）迫于维持在中产阶级、同质化严重的社区中的生计，去卖大麻的经历。与此相反，好的场所通过与独特场所精神的真诚对话和联系来挑战这种千篇一律的形式——从特有的历史、环境、气候、地形、传统和文化中反映出独一无二的场所精神。

一般的城市设计实践与有目的地联系了独特地方性的设计呈现结果是截然不同的。从莫斯科红场中醒目的圣巴西尔大教堂（Saint Basil's Cathedral）及其别具一格的屋顶和装饰性的尖顶，到意大利的鹅卵石街道和赤土墙，再到苏格兰斯凯岛（Isle of Skye）五彩斑斓的渔舍、墨尔本充满涂鸦且不断变化的小巷，或者纽约曼哈顿街道之上的高线公园，优秀的场所设计总是从当地独特的背景中汲取灵感，给当地居民以强烈的认同感。

术语：地方性理论与场所精神

本章将探讨“地方性”这一概念的起源和重要性，它在实践中通常被描述为场所精神。这个词源于罗马神话，是指一个地方的守护神。在宗教肖像中，“地方之灵”通常被描绘成一条蛇。景观设计史中将这一术语的现代复兴归功于18世纪英国诗人和翻译家亚历山大·蒲柏（Alexander Pope）。他还是一位充满激情的园丁，鼓励园林设计师从场所（精神）中寻求设计灵感。他的诗《写给伯灵顿伯爵理查德·博伊尔的第四封信》（*Epistle Ⅳ, to Richard Boyle, Earl of Burlington*）中的以下几句就很好地说明了这一点：

> 向所有的地方之灵请教吧；
> 它告知河水是涨是落；
> 或帮助巍峨山峰攀上天堂；
> 或指引盘旋山谷舀起溪流；
> 在乡间呼唤，俘获了开阔空地；
> 加入合意的森林，还有那变幻的光影；
> 意中的小径时而断开，时而指引；
> 在你植树时挥笔作画，在你劳作时构思谋划。
>
> （Pope，1731：lines 57—64）

场所精神的概念目前已经被更广泛使用的术语“地方性”所替代，来表达人们是如何感知一个地方的。来自不同学科（包括地理学、人类学、城市社会学、规划学、建筑学、景观学、城市设计、室内设计和环境心理学）的研究者通过一系列广泛的理论视角、方法论和途径，对“地方性”进行了研究，并分别将其定义为场所意义、场所认同、场所体验、人与场所的互动以及场所营造等。大量文献中所涉及的场所概念既是物理的，又是心理的，因为物理的景观或场所会成为个人心理认同的重要部分（Jacobs，1961；Lynch，1981）。正如本书第5章所述，场所依恋是人与场所之间的情感纽带，而场所意义则是人们赋予场所的象征意义（Carmona et al.，2010；Stedman，2002；Stedman，2003；Seamon，2018；Relph，1976）。

一个地方是什么，又代表什么，人们的理解会受到一系列有形和无形的社会文化、政治历史、时空和物理因素的影响。地理学家爱德华·雷尔夫（Edward Relph）在其开创性的著作《地方性和无地方性》（*Place and Placelessness*，1976）中提出，必须要从人们如何体验空间的角度来探讨空间。他确定了三个共同创造地方性的核心支柱：物理环境、意义和活动。随后，城市设计理论家们又扩展了雷尔夫的概念，提炼了一个包含设计品质、特征、体验和互动的复杂框架，框架中的项目都有助于增强公共领域的地方性——包括街道生活、咖啡馆文化、开放时间、感官体验、象征与记忆、活力、安全和多样性等（Canter，1977；Carmona et al.，2010；Montgomery，1998）。

当然，创造让人们健康幸福生活的美好场所并不存在什么通用的方法——设计师和城市规划师都很清楚这一点，真实的场所是不可预测的、复杂且混乱的（Carmona et al.，2010：122）。正如特兰西克所言，目前已知的是，人们确实本能地需要一个“相对稳定的场所系统，以发展自身及其社会生活和文化。这种需求赋予人造空间以情感——成为一种超越物理空间的存在”（Trancik，1986：113）。

在地理学家多琳·马西（Doreen Massey）关于场所的重要著作中，她提醒大家，场所是始终处于建构之中的，既不是固定的，也不受空间的束缚。场所通过“社会关系和理解网络中的衔接时刻”（Massey，1994：154），将人与人重新联系起来。对场所营造相关文献的深入探讨、地理的想象和场所的政治都不在本章叙述的范围内，但需要强调的是，空间和场所的问题是个人的，也是地方的、全球的。场所是一个多维度的、经过充分研究的、经常引起争议的术语。美国景观作家 J. B. 杰克逊（J.B. Jackson）就批评“地方性”这个词太过笼统和宽泛，意义不大：

> “地方性”是一个被广泛使用的表达方式，主要由建筑师使用，但逐渐却被城市规划师和室内设计师以及地产开发商接手，导致现在它的意义十分有限。它是由拉丁语 genius loci 翻译过来的，译得不合适而且有些含糊。在古代，它的含义与其说是场所本身，不如说是那个场所的守护神……在 18 世纪，这个拉丁语短语通常被翻译为“一个场所的

> 天赋”，指的是它的影响力……但现在的版本常常是用来描述一个地方的氛围以及环境的品质。不过，人们确实意识到某些场所更具有吸引力，它带来某种说不清道不明的幸福感，让人们想一次又一次地回到那里。
>
> （Jackson，1994：157—158）

本章特意使用了“场所精神”这一理论概念和术语，以涵盖场所的独特氛围和鲜明设计特征，而不仅是聚焦于“地方性”论述中所强调的更广泛的行为或社会科学视角。设计是一门以实践为基础的学科，设计师必须保持深刻的地理敏感性，并意识到他们的灵感往往来源于独特的社会政治环境。好的设计要有意识地停下来，倾听场地独特的“场所之灵”的声音。就如下面的例子所展示的，设计的过程需要与实际场地以及当地居民进行深入、细致和批判性的接触，并有意识地考虑未来的使用方式和使用者。好的设计还需要有一种着眼于未来的态度，要深刻认识到个人与社会的态度和价值观会随着时间的推移而改变（Jivén and Larkham，2003）。深入反思、寻找和发扬场所精神，是提高这些价值意识并推动创造美好场所的一种策略。

场所精神的理论渊源

场所精神是一种强大的力量，存在于我们生活、工作和娱乐的所有场所中。它吸引人们的感知，唤醒人们的记忆，激发人们的愿望，“提醒人们的过去，使人们期待未来，活跃人们的现在”（Nivala，1996：1）。挪威建筑理论家、基督教历史学家克里斯蒂安·诺伯格－舒尔茨（Christian Norberg-Schulz）曾写过大量关于场所精神的文章。借鉴海德格尔（Heidegger）的“存在”和“居住”的思想，诺伯格－舒尔茨主张每个场所本身具有重要性、原创性和独特性。他鼓励设计师“居住”在一个场所，尊重它并与它为友，从而识别其周围所有独特的要素和品质。例如，可以试想沙子对阿拉伯人来说是多么重要的场所要素，就像水之于荷兰人、雪之于挪威人、太阳之于澳大利亚人一样。自然和人为要素，如地形和景观（河流、山脉和森林等）、宇宙秩序（气候、天空、光线和一天 24 小时等），以及受思想、价值观和信仰影响的建筑和文化景观要素，经过历史的塑造，都以不同的方式交织在一起，共同形成一个场地的独特特征。场所精神总是独特的。

在诺伯格・舒尔茨发人深省的《场所精神：迈向建筑现象学》（*Genius loci: Towards a Phenomenology of Architecture*，1980）一书中，他叙述了罗马、布拉格和喀土穆这三座城市如何保存其场所精神。例如，布拉格有一种强烈的神秘感；罗马则展现了悠久的历史感和永恒的存在感；而喀土穆则反映了强大的自然秩序，"广阔荒芜的沙漠国度，缓慢流淌的赋予生命的尼罗河，无垠的天空，炙热的太阳……喧闹而多姿多彩的城市生活"（Norberg-Schulz，1980：113）。当设计或建筑在形式上与其所属的地方（它的场所精神）隔离或脱节时，就会产生一个支离破碎、毫无意义的环境。场所精神的精髓在于建成环境中的人造结构可通过材料、图案、质地、色彩、尺度、功能、形式和比例等有形的设计语言来传达出对当地环境、独特文化、社会和历史价值的理解。

每座城市都有其独特的模式和规模，这在其流行的建筑风格、材料和色彩中都有体现。建筑理论家尤哈尼・帕拉斯玛（Juhani Pallasmaa）在其几本内容精妙的著作中描述了建筑和城市是如何与人们的过去紧密相连的。精心设计场所精神即是保护和凸显一个场地的独特意义与特殊性。文化遗产往往是场所精神的一个核心特征，因为在设计实践中我们通常会优先考虑人们的记忆以及对场所的想象。

在国际上，场所的文化和历史意义得到了《巴拉宪章》（*Burra Charter*，国际古迹遗址理事会澳大利亚国家委员会关于具有文化重要性场所的宪章）的认可，该宪章主张通过确定"美学、历史、科学、社会或精神价值"来最大限度地发扬场所的文化重要性。帕拉斯玛在《肌肤之目》（*Eyes of the Skin*）中非常精准地说道，体验历史建筑能让时间和空间静止不动，并融合成一种独特的要素体验——存在感。

> 建筑将我们从当下的束缚中解放出来，让我们体验到时间缓慢而治愈地流动。建筑和城市是时间的工具和博物馆，使我们能够看到并理解历史的缓慢流逝，并参与到超越个体生命的时间周期中。建筑将我们与逝者联系在一起，通过建筑，我们能够想象中世纪街道的繁华，想象庄严的游行队伍走向大教堂。建筑的时间是停滞的。在最伟大的建筑中，

时间牢牢地静止了。

（Pallasmaa，1996：52）

人们往往以视、听、触、嗅、品尝和体验的方式来感知周围的世界。这种感知是体验性的，并以身体和情感的经历、记忆、审美反应、历史、政治和文化以及与环境的即时性互动作为媒介。由于场所精神通常是场地非物质性的表现，这种独特的感官体验可能会因不同的人、时间而产生不同的解读方式，并会随不同的天气与季节而改变。人们对场地的体验和感知是不断变化的：场地可以是生动的、积极的、令人兴奋的，也可以是沉闷的、黑暗的，所有这些都会因时间和语境而变化。以下将从一系列不同的文化语境和设计尺度中解释为什么结合场所精神对创造美好场所如此重要。

识别地标建筑和场地的场所精神

地标建筑常同时以隐性和显性的方式放大其独特的场所精神，例如提摩与托莫·苏玛林宁（Timo & Tuomo Suomalainen）兄弟在 1969 年建造的岩石教堂（Temppeliaukio Church）。作为赫尔辛基最受欢迎的旅游景点之一，这座建筑经久不衰的原因是它的设计回应了一种独特的本土性要素——岩石。教堂是在岩石内部挖掘和建造的，内装以花岗岩的色调——红色、紫色和灰色进行配色。圣所的楼层与最高处的街道平齐，这意味着游客不需要走楼梯就能进入，可以说是通用设计的典范。教堂屋顶是一个镀铜穹顶，通过 180 扇玻璃窗与天然岩壁墙相接，以此将自然光引入空间。利用岩石自然呈现的几何形状，裂缝改造区（the crevice alter area）比圣殿其他部分照明更充分，营造了一种深刻的光明、和谐与宁静的感觉。

工业遗产如何作用于场所精神

著名的城市景观往往与其地方背景有着强烈的呼应。纽约市广受好评的高线公园就是一个众所周知的例子，它由一条废弃的高架工业铁路改造而成。公园中包含了该场地原有的要素，如铁路轨道等，富有张力地阐释了当地的重要历史，引发了人们的好奇心，从而引导他们深入了解曼哈顿切尔西街区的转变。与之类似的是由景观设计师理查德·哈格（Richard Haag）于1971年设计的西雅图煤气厂公园（Gas Works Park，GWP），它在当时是一个极具开创性的设计，现在已成为美国一处历史性地标。作为景观界备受尊敬的前辈，哈格主要以倡导生物修复和工业遗迹再利用而闻名。哈格并没有通过拆除煤气厂巨大的遗址来抹去历史的痕迹，而是在他设计的占地20.5英亩的公园中"赞颂"了这个非凡的工业遗迹。锈迹斑斑的储气塔和它所处的翠绿山丘形成了强烈对比。正如哈格在下文中所回忆的那样，最初他认为煤气厂遗址令人望而生畏，但在几次实地考察后，他很快意识到大型储气塔应当被保留下来——如果没有这些塔，这里将只是另一个平坦的场地。维护这些结构的过程是在与工业遗产建立一种有意识的联系。这就是哈格对场所精神的明确认识，也包含了意义、尺度、瞭望-庇护等方面的思考。

> 我对它有一些非常浪漫的想法。在克服了最初由烟尘和难闻气味及其他所有事物带来的震惊之后，我发现这是一个美丽而神秘的地方。当做场地规划时……当需要识别场所精神时，你必须做的一件事就是找出这个场地有什么，什么带给它神秘感，它的精神是什么，场地中最神圣的东西的什么。所以很快我就认定那些巨大的（储气）塔就是……但我想，天啊，如果把这些东西都推到湖里或者拆除，就像以前一位市长想做的那样，那你还能在这里看到什么？就只剩一块平坦的场地了，仅此而已。
>
> 人们爬上土丘可以瞭望，而走在塔间时则可以感受到庇护。其中蕴含着阴阳平衡之理：上与下，坚硬与柔软。但这里植物设计不多，这是因为我觉得在这个城市里，没有其他地方能让你感受到如此强烈的空间感与光线、开放性、天空与水体以及倒影。因此有意没有进行过多的种植……你可以在其间以感性的、如雕塑般深刻又有力的方式感受场地，这与坚硬的建筑、圆柱体和立方体的形式美感以及其他所有工业年代留下来的几何形状形成对比，这一点非常重要。各个元素在视觉和触觉上形成了互补的关系。这些结构赋予了场地意义和尺度。
>
> （哈格的话，引自Satherley，2016：117—118）

煤气厂公园案例中有几个值得我们注意的地方。煤气厂公园使用了一种新的方式进行工业遗址修复，这颠覆了许多人对公园和工业遗迹的印象。哈格提议，不要移除场地中受污染的土壤，而是通过生物修复和精心挑选的植物来“清洁和绿化”公园。他通过争取，成功保留了一些工业构筑物，并为这些构筑物重新设计了不同的用途——排气压气建筑变成了儿童游乐场，历史悠久的锅炉房变成了野餐棚。虽然哈格主张将庞大的发电机塔作为攀爬场地和瞭望平台，以突出工业的特征，但因为其他政治上的考量，它们最终并没有开放给公众，仅作为对工业历史的见证保留下来。其次，哈格提出的煤气厂公园的设计愿景是，通过人们与景观的互动来发展，而不是囿于一张总平面图。哈格通过举办公众座谈会、进行现场工作来实现这种互动，并邀请市议会和公众一同参与规划设计——与景观进行实地互动并挖掘其“精神”（Way，2013；Satherley，2016）。

中国设计中的场所精神

中国作为世界上拥有最古老和最重要城市文明的国家之一，其城市发展进程的速度和规模前所未有。在过去几十年里，90% 的传统建筑被拆除。对此，2012 年普利兹克建筑奖获得者、中国建筑师王澍认为，保存记忆、尊重地方特性必须成为优先考虑的问题（王澍，2015）。几个备受瞩目的适应性再利用项目通过保留地方历史、文化和传统的“本源”，来应对千城一面的现代都市环境和城市记忆消失的问题。大舍建筑设计事务所（Atelier Deshaus）从工业遗址的场所精神出发，主持并修建了两个具有鲜明城市特征的项目。亚洲最大的粮仓（位于上海浦东新区民生码头的 8 万吨粮仓）被改造成一个展览空间，并特意保留了原有的建筑形式。粮仓的外观和内部均未做大的改动，只是通过外部的悬挂式扶梯及其底部的镜面不锈钢板加强了与黄浦江滨水区的联系。

沿着黄浦江滨水空间（图 4.1）再往前走就是老白渡煤仓，现为西岸龙美术馆的所在地。在尊重场所特征的基础上，该地块最突出的工业遗迹就位于建筑的核心部分——长 110 米、宽 10 米、高 8 米的大型煤斗卸货桥。它强调了博物馆的入口并且提供了临时展览空间，以此创造了一个有吸引力的户外空间，即使在

图 4.1　场所精神的回应——上海徐汇滨江工业遗迹。（来源：薛贞颖）

博物馆关闭时也可以进入。其中场地记忆的表达非常强烈，原始而粗犷的历史痕迹吸引着每一个参观者（Interior Designer，2016）。这两个项目都有意地以艺术性的方式放大了历史，借助场所精神创造出当代工业遗产的纪念碑，尊重了空间特性和文化特征。

北欧建筑的场所精神特征

在对场所精神讨论的最后，我们不妨再来看看克里斯蒂安·诺伯格－舒尔茨的著作。在 1996 年出版的《夜之地：北欧建筑》（*Nightlands: Nordic Building*）一书中，诺伯格－舒尔茨对极具特色的北欧建筑进行了深刻解读。在北欧，场所精神强调的是一种近乎神圣的地理环境，其中自然（尤其是森林和水）、光影以及恒久的特质是结合在一起的。从斯堪的纳维亚标志性建筑奥斯陆歌剧院（Oslo Opera House）中，可以看到这种独特的北欧场所精神。除了开放性和对水平形式的强调之外，还有一个标志性的特征——倾斜的白色大理石屋顶景观从港口水域中“生长”出来，让人联想到冰山或漂浮的冰川，从而吸引游客在这个大型公共广场的“屋顶上行走”。这个旗舰性的项目由挪威建筑师斯内赫塔（Snøhetta）设计，完成了滨水区域再生和城市与峡湾的象征性接续。它体现了蒂莫西·比特利所说的“蓝色城市主义”——通过“让游客可以触摸和浸入周围的滨水环境”（Timothy Beatley，2014：68）来强调了人与海洋的联系。斯内赫塔还设计了美丽的挪威野生驯鹿中心馆，它位于耶金（Hjerkinn）一处岩石山顶上，融入周围自然、文化与神话景观。该教育中心的大小与形状就像一个集装箱，其中长面的玻璃墙体正对着斯诺赫塔山（以及经过的驯鹿群）。而另一面墙中镶嵌着起伏的松木，以其木纹肌理暗喻了周围山峦的曲线，它在邀请游客靠坐在这个洞穴般的空间内欣赏周围壮观的景观。这些建筑因其独特的地方性和场所精神而令人难忘，它们与周围的北欧景观有着强烈而独特的联系。

寒冷的气候经常孕育出独特的场所精神。英裔瑞典建筑师拉尔夫·厄斯金（Ralph Erskine）被誉为现代主义的北极建筑师，他可以敏锐地根据寒冷地区独特的气候、文化和地理条件设计建筑形式，并以此闻名。例如，他在1948年设计的瑞典山地滑雪场酒店（Borgafjäll Hotel），其设计灵感来自当地的地质、地形位置和季节性活动，酒店客人可以直接在屋顶的斜坡上滑雪。厄斯金的设计理念中最重要的就是严密地考虑未来酒店住客的需求，并使其得到满足。他解释说：

> 我试图以北方季节变化的节奏为基础进行创作，它是如此的迷人，我还试图创造包含各种不同体验的社区。我希望我们建筑师能让这样的建筑形成一个能提供潜在满足感的空间。但归根结底，是居住者赋予这一建筑意义，并改变我们的建筑空间和场所。
>
> （Erskine，1968：165）

日常事物中的场所精神

无论是关注当地历史、保护工业遗产，还是与自然环境的独有特征相联系（蓝色城市主义中的海洋、岩石教堂中的岩石、在酒店屋顶上滑雪），要设计出能引起共鸣、触动人心的美好场所，都要深刻理解与欣赏当地独特的环境，也就是场所精神。即使是更实用、更普通的构筑物，如道路、桥梁、人行道、洗手间和电梯的设计，只要将场所精神作为核心考虑因素，就可以使其变得更加特别和令人难忘。新西兰的洗手间往往有独特的地方特色：比如位于米尔福德小径（Milford Track）麦金农山口（MacKinnon Pass）上俯瞰湖泊的“景观洗手间”；或是马塔卡纳（Matakana）以当地的造船业为参考设计的船形隔间；还有罗托鲁瓦（Rotorua）红木森林（Redwoods Forest）洗手间中激光切割钢制的马桶罩，上面将传统的毛利人彩绘涡形图案与已灭绝或濒临灭绝的本土鸟类形象融合在一起，也体现了独特的地方特色（2014 年世界建筑新闻奖小空间奖 World Architecture News Small Spaces Awards 的六个获奖作品之一）。

地方性也启发了人行桥的创新设计，如荷兰的扎里奇桥（Zalige）（将在第 6 章中讨论）将人的体验与变化的气候联系起来。这座人行桥由 NEXT 建筑事务所设计，建在洪泛区之上。在城市滨河公园中完美利用了动态变化的河道景观，并回应了天气变化带来的影响。不同的水位下人行桥会呈现不同的形式。简洁的阶梯石提供了多种可供性，天气晴朗时提供视觉阻隔和座椅，雨天时则在水面上形成一条过河汀步。这个创新的体验式设计赢得了 2018 年荷兰设计奖（Dutch Design Awards），并被称为“只有荷兰人才能想出来的设计”，这是设计如何拥抱场所精神（变化的水位）的一个参考典范。

场所精神也可以用于指导最小尺度的设计。如澳大利亚黄金海岸海滩对面的公共长椅就用了冲浪板的形状（图 4.2）。虽然长椅背后的植被并没有为后面的

图 4.2　场所精神的回应——澳大利亚黄金海岸的滑板状长凳。（来源：德布拉·库欣）

街道提供良好的庇护和安全感，但它们的间距设计得还不错，也很好地体现了个人空间理论。从这些尺度、范畴与环境背景各不相同的例子中，能够看到应如何从对独特的场所精神的感知、尊重和深刻理解出发，创造美好的场所。

设计的恒久遗产

建筑如其人：建筑、空间和场所体现了我们的价值观，也是我们留给后代的恒久遗产。城市规划和建筑设计实践必须更有野心，有意识地采用“场所精神”的方法来保护、发扬和激活一个地方珍贵而独特的品质，而不是仅仅留下“小盒子”一样的设计遗产。正如本书所言，创造美好场所需要深刻地理解多种理论。专注于独特的场所精神就是一个很好的开始。

能够捕捉到地方性和场所精神的设计，往往立足于那些人们容易对其产生依恋的特殊场所。下一章我们将讨论场所依恋理论，以进一步解析人与场所之间的联系。

参考文献

Beatley, T. (2014). Blue Urbanism: Exploring Connections between Cities and Oceans. Washington, DC: Island Press.

Canter, D. (1977). The Psychology of Place. London: Architectural Press.

Carmona, M., Tiesdell, S., Heath, T. & Oc, T. (2010). Public Places – Urban Spaces: The Dimensions of Urban Design (2nd edition). Burlington, VT: Else- vier Science.

Erskine, R. (1968). Architecture and Town Planning in the North. Polar Record. 14(89): 165 – 171.

Interior Designer. (2016). Chinese Architecture Today. Beijing: Chinese Architecture and Building Press.

Jackson, J. B. (1994) A Sense of Place, a Sense of Time. New Haven, CT: Yale University Press.

Jacobs, J. (1961). The Death and Life of Great American Cities. London: Vintage Books.

Jive'n, G. & Larkham, P. J. (2003) Sense of Place, Authenticity and Character: A Commentary, Journal of Urban Design 8(1): 67 – 81.

Lynch, K. (1981). A Theory of Good City Form. Cambridge, MA: MIT Press.

Massey, D. (1994). Introduction to Part Ⅲ: Space, Place and Gender. In D. Massey, Space, Place, and Gender. Minneapolis, MN: University of Minnesota Press, 177 – 184.

Montgomery, J. (1998). Making a City: Urbanity, Vitality and Urban Design. Journal of Urban Design 3: 93 – 116.

Nivala, J. (1996). Saving the Spirit of our Places: A View on Our Built Environ– ment. UCLA Journal of Environmental Law and Policy 15(1): 1 – 56.

Norberg–Schulz, C. (1980). Genius loci, Towards a Phenomenology of Architecture. New York: Rizzoli.

Norberg–Schulz, C. (1996). Nightlands. Nordic Building. Cambridge, MA: MIT Press.

Pallasmaa, J. (1996). The Eyes of the Skin. New York: John Wiley & Sons.

Pope, A. (1731[1966]). Epistle to Lord Burlington. In H. Davis (Ed.), Pope: Poetical Works. London: Oxford University Press, 314 – 321.

Relph, E. (1976) Place and Placelessness. London: Pion.

Satherley, S. (2016) Identifying Landscape Meanings: Images and Interactions at Gas Works Park. PhD thesis, Queensland University of Technology.

Seamon, D. (2018). Life Takes Place: Phenomenology, Lifeworlds and Place–making. New York: Routledge.

Shu, W. (2015). Interview – Searching for a Chinese Approach to Urban Conversation. In F. Bandarin & R van Oers (Eds.), Reconnecting the City: The Historic Urban Landscape Approach and the Future of Urban Heritage. Oxford: Wiley Blackwell, 103 – 107.

Stedman, R. C. (2002). Toward a Social Psychology of Place: Predicting Behavior from Place–Based Cognitions, Attitude, and Identity. Environment and Behavior 34: 561 – 581.

Stedman, R. C. (2003). Is It Really Just a Social Construction? The Contribution of the Physical Environment to Sense of Place. Society and Natural Resources 16(8): 671 – 685.

Trancik, R. (1986). Finding Lost Space. New York: Van Nostrand Reinhold Co.

Way, T. (2013). Landscapes of Industrial Excess: A Thick Sections Approach to Gas Works Park. Journal of Landscape Architecture 8(1): 28 – 39.

5 场所依恋理论——培育联结

场所依恋理论描述了人们对场所的情感联系，包括他们有过重要生活经历的场所、成长的场所、发展个人关系和社会网络的场所等。这种情感的范围往往可以从对一个场所的欣赏、喜爱和尊重，发展到对它的关注和责任。

很多人对他们生活的地方都充满感情。对于土著或原住民群体来说尤其如此，例如澳大利亚的原住民、新西兰的毛利人、美国的印第安原住民和加拿大原住民，他们与生养自己的土地之间有着特殊的联系。然而，无论我们的背景如何，大多数人几乎都会对过去或现在的某些场所产生有意义的联系或依恋。这些依恋对人们的幸福感来说极其重要，可以让人们立足于此、留下特别的记忆，也可以影响人们选择在哪里度假或生活。场所依恋理论描述了个人或群体与场所间的象征性关系，这种关系通常来自对人们具有重要性的文化、社会政治或历史体验（Low，1992）。

场所依恋的理论渊源

由欧文·奥尔特曼（Irwin Altman）和塞萨·洛（Setha Low）编著的《场所依恋》（*Place Attachment*，1992）一书仔细探讨了人们对场所的独特情感体验和由此发展出来的情感联系。场所依恋理论已经从一个主要关注人们对环境的认识和理解的心理学概念，发展为一个包含了社会学观点以及文化和社会问题的理论。场所依恋理论跨越多个学科，一直是一个相当大且复杂的研究课题，它代表了人们一生中个人和群体体验的复杂网络。人们产生的依恋甚至会影响他们对环境的思考和感受。

为了解释人们如何从建成环境的文化方面发展出场所依恋，洛基于类型学提出了人与场所之间六种不同的象征性联系，包括：通过历史或家庭建立的谱系联系（genealogical links）；由于土地被破坏或失去而形成的联系（loss）；通过土地获得或继承而形成的经济联系（economic links）；通过宗教或精神相交而形成的宇宙学联系（cosmological links）；通过朝圣而形成的联系（pilgrimages）；以及通过故事和场所命名而形成的叙事联系（narrative links）（Low，1992：166）。以上人与场所的文化联系基本上可以分为社会的、物质的和意识形态的三类主要因素，能够帮助我们判断人们如何与场所建立联系。

情感和感觉是场所依恋概念的核心，人的情感往往与某一场所相关的知识、信念、行为和行动相结合（Low and Altman，1992）。一个人所体验到的情感还会进一步与场所的各个方面相互依存，包括地理特征、环境审美和个人或群体认同（Seamon，2013）。人们对环境品质好的场所更容易产生依恋，比如那些具有

图5.1　四川成都武侯祠祈福锁，代表着人们的一类场所依恋。（来源：陆嘉宜）

自然要素、独特物理特征或城市设计特色的地方（Scannell and Gifford，1992）。这些情感的产生背景和发生频率也是发展与场所联系的重要因素（图 5.1）。

日常场所与特殊仪式场所

个人的依恋感深深地扎根于他们的日常生活经历中，这种依恋在平时可能会被忽视，直到一些关于人或者场所的事发生了颠覆性的变化（Seamon，2013）。例如，我们通常是直到搬进一个新的社区，才会开始怀念以前社区的独特之处，而这些独特之处都是我们曾经习以为常的。1946 年经典的圣诞电影《生活多美好》（*It's a Wonderful Life*）结尾的一幕就描绘了日常经历和场所间的深刻联系。詹姆斯·斯图尔特（James Stewart）饰演的乔治·贝利（George Bailey）目睹了如果自己从未降生于这个世界的情景，于是他在家乡白雪皑皑的贝德福大街上奔跑，满怀深情地问候所有他珍视的一切（Dirks，2019）。日常习惯对建立人与场所的联系非常重要。

相比之下，与物理环境的仪式性互动通常是短暂的，也可以是周期性的，使其有别于普通行为。仪式是非常有意味性和象征性的，可能会唤起怀旧、感伤或鼓舞的感觉（Lawrence，1992）。朝圣，是景观中的一种精神或宗教仪式，也可以培养参与的人对场所的依恋感。例如，每年有近 1500 万人前往沙特阿拉伯的麦加和麦地那朝圣。为了保留朝圣旅行的意义和保护精神之地，减少大量人口涌入对环境的影响，英国的穆斯林正引领着保护管理这一环境的工作（Bhattay，2017）。虽然这种对可持续发展的新关注可能是由自上而下的方法发起的，但它确实表明，人们通过朝圣体验已经形成了对物理场所的责任感。这些情感上的联系对于设计师来说是很重要的，特别是在他们计划提出改变或引入新的东西时，更需要有意识地对这些联系慎重考虑。若非如此，即使新的设计是一种提升，这种提升带来的改变或因改变带来的损失也可能会让人难以接受。

当改变与遗产保护原则或价值相冲突时，就会产生矛盾并导致场所依恋受限。例如，中东圣城的发展正面临挑战，目前该城正在考虑保护、开发和管理其历史文化遗产。建筑师萨米·安加维（Sami Angawi）感叹，许多有价值的伊斯兰建筑和遗产地已经被快节奏的、千篇一律的城市发展所破坏，“把圣地变成了一台机器，变成了一个没有特色、没有遗产、没有文化也没有自然环境的城市”（转引自 Wainwright，2012）。正如传统的伊斯兰建筑元素“阿拉伯风格窗花”（mashrabiya），它的特点是以木雕格子围成的飘窗和饰以彩色玻璃的通风罩，但这些特点在当代设计中却没有得到很好的重新诠释。传统的阿拉伯风格窗花融合了文化、视觉和技术方面的考虑，反映了地方本土性（场所精神），亦针对强烈的阳光为人们提供了一个阴凉和遮阳的装置（亲自然设计），而格子窗则在为人们提供了看到外部环境机会的同时，保护他们不被外界轻易看到（瞭望 - 庇护）。上述的考虑组合成了一个单一的设计元素，代表并加强了人们的场所依恋。不幸的是，在当代的实践中，那些有缺陷的仿制品往往不能打开，不仅不能提供有价值的通风，反而成为“毫无意义的贴花”，卡在一排排脆弱的混凝土拱门和木棚架上（转引自 Wainwright，2012）。正如萨利巴在《城市设计与阿拉伯世界》（*Urban Design and the Arab World*）一书中所强调的，我们必须承认，殖民主义、后现代主义和全球主义的力量结合在一起，以其独特的、有时存在争议的区域性、政治和文化认同感，正塑造、挑战和改变着城市（Saliba，2015）。当城市设计实践改变我们的城市时，人们必须停下来反思如何才能更好地基于场所依恋理论进行设计。

邻里之间的绅士化，通常会引起激烈的社会正义的相关辩论，这正是场所现象的典型例子，从中可以发现人们深植的场所依恋感。绅士化是改善社区物理品质的过程，这可能使社区对富裕人群产生更大的吸引力，随之导致社会经济地位较低的人群流离失所，因为他们不再有能力承担该区域上涨的房价。此时，可能会带来两个有关场所依恋的问题：首先，如果人们搬进了一个新社区，并且仍然保持低调，他们就不会与邻居或社区空间建立依恋关系。因此，他们可能会不太关心自己的家园，也不会与他人合作改善社区（Manzo and Perkins，2006）；其次，当个人或团体对自己的社区抱有一些浪漫的想法，但这种想法可能与新的社区成员、开发商或决策者的想法不一致时，冲突就产生了。这都可能发生在绅士化或社区开发过程中。无论这些被改变的认知价值或预期利益如何，提出的改变，尤其是重大的改变，都可能会威胁到人们对场所的依恋和认同（Manzo and Perkins，2006），城市设计师和规划师在进行社区更新时必须考虑这一点。

奈特基金会（Knight Foundation）在美国进行的一项关于社区依恋的研究发现，对社区有强烈依恋的人，会对社区产生更大的自豪感，并对社区的未来有积极的展望，认为社区是他们的理想归属之地。该研究发现社区依恋的产生有三个主要驱动因素：

- 社会服务——包括结识其他人和参加社会文化活动的场所，以及相互关心的社区成员的存在。
- 开放性——社区对不同人群的欢迎程度，包括家庭、老年人、少数族裔和大学生。
- 美观性——社区的物理环境美感，是否拥有高品质的公园、游乐场和步道等。

景观设计师、城市设计师、规划师、建筑师和决策者均影响着社区这些方方面面。例如，市议会可以发起、批准或资助那些能够促进社区联系的社会活动，而设计师则可以创造适应这些活动发生的公共空间。使用本书中讨论的理论——可供性、个人空间、地方性、瞭望－庇护和亲自然设计理论，可以设计出吸引人、功能性强、可达性高、能够鼓励大家进行互动的、让人们感到舒适、安全和愉快的空间。当这些理论被用来创造美好场所时，场所依恋便有可能成为一种结果。

场所依恋与环境关怀

掌握空间的控制权，能够操纵它、塑造它、布置它，或以某种方式改变它，均可以对自我认同感产生积极的影响，促使人们创造让自己感到舒适的场所（Cooper Marcus，1992）。对场所的依恋感通常会强化代表环境关怀的行动和惯例，并反过来再次增强场所依恋感（Seamon，2013）。这些概念反映了人们对场所的所有权或属地性，即认为自身与场所有联系。同样，关于人们重要生活经历的研究表明，当青少年在自然中有难忘的经历，并且能够与自然互动时，就会产生场所依恋，因而更有可能去关心环境或参与环保活动（Barrett Hacking et al.，2018）。

由于城市开发提案而失去重要景观对人们生活环境产生的威胁通常会引发情绪反应，从而发展为抗议和请愿行动。尽管反对过度开发的争论可能集中在环境敏感性或文化敏感性上，如野生动物栖息地的丧失等，但同样也会在相关者有个人依恋，并对保护该场所充满热情时发生。场所依恋的纽带可以激励人们参与环保活动，比如成为生态保护或改造项目的志愿者（Upham et al.，2018）。这样的行为表明，场所依恋对可持续发展和保护受气候变化威胁的环境来说意义重大。

对许多人而言，气候变化可能仍然是一种遥远或模糊的现象。因为他们没有亲身经历过气候变化带来的负面影响，如洪水或干旱；也没有目睹环境恶化，如珊瑚礁白化，他们可能与这些问题没有直接联系。研究者已有充分的理由开始探究这些联系，以便在倡议可再生能源的背景下将其利用起来（Upham et al.，2018）。本书将在第 10 章讨论到，在应对目前的重要挑战之一——全球气候变化时，设计师可以做出积极的贡献。理解场所依恋理论并将其融入可持续的设计实践中，可以潜在地提升其积极作用，为所有人带来更美好的未来。

创造促进社会联系的场所

积极的社会体验也有助于依恋感的产生，例如，将环境作为体验的一部分，并成为该体验的象征（Riley，1992）。在前面的例子《生活多美好》中，将乔治·贝利与家乡联系起来的主要是他与社区其他人的社会联系。与家庭和朋友建立深层次联系很重要，但与常去的咖啡店的咖啡师、邮递员或最爱的本地餐馆的老板建立非正式社会关系也同等重要。对场所进行设计能够为这些联系的建立提供机会，有助于人们建立这些依恋关系。

社区环境也是人们接待朋友的主要场所之一，因为它能为儿童和成年人同时提供安全感和归属感（Min and Lee，2006）。一个场所的社会特征，如社区活动，会给人们提供发展依恋的机会（Scannell and Gifford，1992）。设计师需要创造产生社会联系的空间，并对城市空间进行策划，以尽可能地提供人们建立联系的机会，这些举措能引导人们发展场所依恋。当设计教育者、实践者和相关的市民重新开发那些被忽视的日常场所时（即所谓的战术城市主义、游击式城市主义），场所依恋也会产生。无论是通过国际公园日（停车日）[1]，将停车位临时改造成绿色的口袋公园，还是通过将城市人行道改造成社区花园，或是在小巷中放置街道家具的小型活动，活化和重塑闲置空间都有助于培养场所依恋，这些活动将人们聚集在一起，并创造了美好的场所。正如费亚科和汉普顿所言，小巷中积极的改造可以显著增加公共空间，并改变人们与城市互动的方式——让人们在最不可能的场所培养出场所依恋（Fialko and Hampton，2011）。

场所过程：场所依恋如何形成

西门提出了六个各不相同却相互交织的过程，认为它们对场所依恋来说十分重要（Seamon，2013）。他坚信，如果设计师要观察所设计的城市环境是如何被使用的，就应该了解这些过程；如果他们要了解如何通过设计来鼓励和促进场所依恋，这些过程也具有重要的意义。

- 场所互动（place interaction），即“某处的一日”，关注的是人们经常在一个场所进行的活动和与之进行的互动（Seamon，2013：16）。这些互动也表明了场所依恋的观点，即场所是如何满足一个人的日常功能需求，包括游客对一个地区的日常功能需求（Ram，Björk and Weidenfeld，2016）。
- 场所认同（place identity）是指人们与某一场所相关联，并将其认定为自己世界的重要组成部分的过程。
- 场所释放（place release）是指人们因在一个场所经历了意料之外的遭遇和事件，使人们感受到自身更深层次的“释放”（Seamon，2013：17）。
- 场所实现（place realization）指的是一个场所中可感知的存在，它结合了

1　国际公园日（停车日），international PARK(ing) day，一语双关，PARK 同时包含公园和停车的意思。——译者注

物理特性和人的活动。这种实现可以说是空间的场所精神，在本书第 4 章中已经有所探讨。

- 场所创造（place creation）是指如何利用政策、规划和设计来改变或创造一个场所。
- 场所强化（place intensification）涉及用于恢复和加强场所的机制，使物理环境有助于提升场所的特征和品质。

最后三个过程，即实现、创造和强化，很容易与设计过程联系起来。设计师可以通过改变物理环境来强化、创造和实现场所的特殊品质。前面的互动、认同和释放三个过程则可能受到场所物理品质的影响，但它们是随着时间的推移而逐渐发生的过程，与设计的联系并不是那么直接，而是更加依赖活动的发生以及人们与物理空间产生的情感联系。

场所依恋通常与接触频率有关，这可以通过在某处生活或对其反复拜访予以表示，比如每年去同一个海滨城市度假（Scannell and Gifford，1992）。对人们曾经不常造访的场所，或者已完全离开的场所，场所依恋可以通过对场所的命名来表达，或以反映家乡文化的方式来使用类似的建筑，或者在其中添加文化物品和象征意象，都会使人们怀恋起这些场所。人们借此在个人住宅或工作场所内创造了场所记忆，但这种做法在公共场所也很明显。小意大利、唐人街、韩国城和其他类似的飞地，往往都是因群体经历产生的场所依恋的物理表征。这些地方往往与特定的产业、活动或生活方式相关联。正如莱利所写："理解人类集体活动的关键是了解人们的文化与景观之间的联系"（Riley，1992：16）。

场所依恋对人们健康与福祉的积极作用

场所依恋和联系对幸福感十分重要。我们的核心心理需求通常包括归属感、自由与控制感、自尊感以及意义感，这些需求的满足会受到人们能否，以及如何与场所发展依恋关系的影响（Scannell and Gifford，2017）。看到我们所依恋的场所也可以增强归属感、自尊感和意义感，但视觉上的满足并不会影响自由感或对环境的控制。这些心理需求可以通过以下方式得到支持或强化：

- 当人们与过去重要的场所或文化有联系、与社区有社会联系，拥有一个可以称之为家的地方时，就会产生归属感（Scannell and Gifford, 2017）。过去重要的场所可以为他们提供一个“精神锚点”（Cooper Marcus，1992）。
- 当人们认为自己对一个空间拥有所有权、自己是一个环境的管理者时，自由和控制感就可以得到支持。
- 当人们对一个场所拥有鲜明的认同感，且会对具有独特特征或文化意义的重要场所感到自豪时，他们的自尊感可以得到发展（Scannell and Gifford，2017）。
- 当一个重要场所成为人们立足点，为他们提供了一个可以接续世界剩余部分的中心时，人们生活的意义感可以得到增强（Scannell and Gifford, 2017）。与个人价值观和偏好的生活方式相适应的场所有助于“地方的和谐统一”（Scannell and Gifford，2017：363）。

人们会对那些提供“安全港”的场所产生依恋，在那里他们可以暂避和获得情感或身体上的解脱（Scannell and Gifford，1992）。当人们强烈地依恋邻里或社区时，通常会认为自己更具有安全感。这种安全感，无论是真实的还是感知到的，都能让人们从日常压力中获得喘息的机会，因此有助于提高人们的生活质量和满意度。这种安全感也可能与提供隐私感的场所有关，这样的场所允许人们做回自己，而不被外界所知（Cooper Marcus，1992）。能使人明显感到放松、拥有瞭望-庇护机会、产生场所依恋感的空间，都可以增强人们的心理依恋。这些设计特征也会使一个场所独一无二，令人难忘。

让场所令人难忘

理解人们为什么以及如何产生场所依恋，并在设计过程中加以利用，可以帮助设计师创造更好的场所，让人们能够使用、享受并沉浸其中，并且能够拥有健康幸福的体验。那些尊重场所精神的地方，往往会在我们的脑海中留下深刻的印象。无论是被这些地方所吸引（如当地的植物园），还是令人们感到敬畏（如宏伟的摩天大楼或吊桥），或是为我们的生活提供了宝贵的经历（如高中或夏令营），这些都会成为我们的记忆，让我们产生依恋。虽然设计师不一定能预测出哪些地方会因为社会关系而令人难忘，但枯燥和平凡的空间大概率不会令人难以忘怀。

为了记录难忘场所中的体验，我们经常会拍下此地的照片。有趣的是，在 Facebook、Instagram 和 Snapchat 等国外社交媒体上分享这些经历，又会如何影响场所依恋？拍摄多张照片只为得到一张能发 Instagram 的照片，或是只为得到最好的自拍而摆了无数次姿势，这些是否也会影响我们对一个场所的欣赏和体验呢？这令人想起了网飞公司（Netflix）2018 年的《伊比萨》（*Ibiza*），讲述的是三个年轻女性在西班牙度周末的故事。影片中，她们坐在沙滩上欣赏水面上绝美的日落，凡妮莎·拜尔（Vanessa Bayer）饰演的尼基对她们都没有自拍很震惊，并说："看啊，我们都活在当下。"

这种被称为"自拍式"旅游（或"#MeTourism"）的现象（Sigala，2018）是否限制了我们与一个场所的实际联系？研究表明，在这种方式中，游客满意度并不取决于目的地和体验的品质，而是取决于他们如何经营印象，获得'赞'和正面评论"（Sigala，2018：1）。从这一角度来说，一个人是可以依靠别人的认可和兴趣来决定如何体验一个场所的。此外，当自拍结合了站在悬崖边上或与危险的动物合影等危险行为时，这个行为其实是很危险的（Chiu，2018）。有趣的是，2016年，孟买为了应对众多与自拍相关的死亡事件，在全市范围内划定了16个"禁止自拍区"（Chiu，2018：1）。由于这种现象在年轻人中比较常见，这也引出了另一个问题，即场所依恋是否正在演变、如何演变，以及这将对我们关心环境的初衷产生哪些影响。

幼儿不属于会自拍的人群，他们对场所的依恋发展则需要不同的前提。设计师在创造对儿童来说令其难忘的场所时，应加强与自然的接触，并在环境中提供自由探索的机会（Chawla, 1992）。一个好的设计要包含藏身处、堡垒和一些小空地，因为这些地方可以使儿童的隐私不受干扰，并且允许他们进行一定程度的改造。事实上，对于儿童来说，堡垒、小团体活动室、藏身之处和洞穴才是他们最初产生栖身行为和宣示领地的场所（Cooper Marcus，1992）。这些空间可以带来无尽的冒险和美好的童年体验，让人们产生依恋的感觉。

深入调查

场所依恋研究常使用现象学方法，以深入了解人们的经历以及这些经历是否对他们产生依恋感有所影响。这种类型的研究还可以确定人们对哪些环境的依恋感最强（Seamon，2013）。然而，现象学研究非常耗时，并且通常不可能在设计项目中进行。如果项目设计与研究之间没有时间上的冲突，那么现象学研究者和设计师之间相互合作会是一种可行的选择。

自传体记忆（autobiographical memory）经常被作为解读人们与场所之间过去联系的主要方法，其中的场所尤指对人们孩提时期很重要的场所（Chawla，1992）。从成年人那里采集有关他们童年时所依恋场所的记忆，可以让研究者更好地理解并归纳该场所的物理特征，从而理解依恋感形成的原因。环境自传（environmental autobiographies）常用于设计专业的学生，帮助他们重新思考记忆中重要的场所，并确定这些关于场所的经历如何随着时间的推移而影响自身（Cooper Marcus，1992）。这些方法通常用于重要生活体验的相关研究（Barratt Hacking et al.，2018）。

另一种研究儿童场所依恋的方法是对其最喜欢的场所进行分析（Chawla，1992）。这种方法一般利用邻里或社区航拍地图的标记来收集数据，让参与者指出并描述他们最喜欢的地方，以此了解他们产生依恋的场所和原因。其他常见的方法还包括儿童主导的徒步、绘画活动，以及照片传声调研法（photovoice）、数字化说故事（digital storytelling）等方法。这些创造性的方法都可以收集有关场所依恋的定性信息，从而帮助设计师了解利益相关者甚至潜在使用者的关注点。

基于场所依恋的设计

和有关场所的其他理论一样，场所依恋通过场所对人的感觉、思维和行为的影响来为设计提供重要的提示。就像大多数同类型理论一样，想要理解场所依恋理论如何影响设计并不容易。事实上，有时了解了人们在长期生活中形成的不同依恋感反而会使设计决策变得更加复杂。虽然为多方利益相关者和不同类型的人群设计城市空间相当困难，但我们仍必须去尝试理解人们对场所产生依恋的根本原因及方式。如果忽视这些联系，就可能会带来诸多问题。下一章我们将讨论“亲自然本能”（biophilia），即人们与生俱来的对自然的内在偏好和需求。

参考文献

Altman, I. & Low, S. (Eds.) (1992). Place Attachment. New York: Plenum Press.

Barrett Hacking, E., Cushing, D. & Barrett, R. (2018). Exploring the Significant Life Experiences of Childhood nature. In Cutter-Mackenzie, A., Malone, K. & Barratt Hacking (Eds). Research Handbook on Childhoodnature. Berlin: Springer, 1 – 18.

Bhattay, A. (2017). Hajj: How to Make this Three-Million Strong Muslim Pilgrimage Environmentally Friendly. The Independent (September 5). Retrieved from www.independent.co.uk/travel/asia/hajj-pilgrimage-green-guide-mecca-medina-muslims-environmental-friendly-travel-islam-sustainable-a7930676.html

Chawla, L. (1992). Childhood Place Attachments. In I. Altman & S. Low (Eds.), Place Attachment. New York: Plenum Press, 63 – 86.

Chiu, A. (2018). More than 250 People Have Died While Taking Selfies, Study Finds. The Washington Post (October 3). Retrieved from www.washington post.com/news/morning-mix/wp/2018/10/03/more-than-250-people-worldwide-have-died-taking-selfies-study-finds/?utm_term=.9de1feaa0112

Cooper Marcus, C. (1992). Environmental Memories. In I. Altman & S. Low (Eds.), Place Attachment. New York: Plenum Press, 87 – 112.

Dirks, T. (2019). Filmsite Review: It's a Wonderful Life – 1946. Retrieved from www.filmsite.org/itsa.html (accessed February 7, 2019).

Fialko, M. & Hampton, J. (2011). Seattle Integrated Alley Handbook: Activating Alleys for a Lively City. UW Green Futures Lab, Scan Design Foundation & Gehl Architects. Seattle, WA: University of Washington.

Lawrence, D. (1992). Transcendence of Place. In I. Altman & S. Low (Eds.), Place Attachment.

New York: Plenum Press, 211 – 230.

Low, S. (1992). Symbolic Ties that Bind. In I. Altman & S. Low (Eds.), Place Attachment. New York: Plenum Press, 165 – 185.

Low, S. & Altman, I. (1992). Place Attachment. In I. Altman & S. Low (Eds.), Place Attachment. New York: Plenum Press, 1 – 12.

Manzo, L. & Perkins, D. (2006). Finding Common Ground: The Importance of Place Attachment to Community Participation and Planning. Journal of Planning Literature 20(4): 335 – 350.

Min, B. & Lee, J. (2006). Children's Neighborhood Place as a Psychological and Behavioral Domain. Journal of Environmental Psychology 26(1): 51 – 71.

Ram, Y., Björk, P. & Weidenfeld, A. (2016). Authenticity and Place Attachment of Major Visitor Attractions. Tourism Management 52: 110 – 122.

Riley, R. (1992). Attachment to the Ordinary Landscape. In I. Altman & S. Low (Eds.), Place Attachment. New York: Plenum Press, 13 – 35.

Saliba, R. (2015). Urban Design in the Arab World: Reconceptualizing Boundaries. London: Routledge.

Scannell, L. & Gifford, R. (1992). Comparing the Theories of Interpersonal and Place Attachment. In I. Altman & S. Low (Eds.), Place Attachment. New York: Plenum Press, 24 – 36.

Scannell, L. & Gifford, R. (2017). Place Attachment Enhances Psychological Need Satisfaction. Environment and Behavior 49(4): 359 – 389.

Seamon, D. (2013). Place Attachment and Phenomenology: The synergistic dynamism of place. In L. Manzo & P. Devine-Wright (Eds.), Place Attachment: Advances in Theory, Methods, and Applications. Abingdon: Routledge, 11 – 22.

Sigala, M. (2018). #MeTourism: The Hidden Costs of Selfie Tourism. The Conversation (January 9, 2018). Retrieved from www.abc.net.au/news/2018-01-02/metourism-selfie-travel-instagram-facebook-holiday-snaps/9298140

Upham, P., Johansen, K., Bögel, P., Axon, S., Garard, J. & Carney, S. (2018) Harnessing Place Attachment for Local Climate Mitigation? Hypothesising Connections between Broadening Representations of Place and Readiness for Change. Local Environment 23(9): 912 – 919.

Wainwright, O. (2012). Mecca's Mega Architecture Casts Shadow over Hajj. The Guardian (October 23). Retrieved from www.theguardian.com/artanddesign/2012/oct/23/mecca-architecture-hajj1

6 亲自然设计理论——自然疗愈的力量

在 2018 年 6 月进行的“30 天户外挑战”活动期间，在 Instagram 上世界各地的人们分享了超过 8.6 万张有关自然的图片。这个挑战很简单，即在 6 月中的每一天都到户外与大自然互动。从捉蝴蝶到探索有多种感官体验的花园，或者只是在日常通勤中停下来与植物和昆虫接触，超过 35 万英国人参与了这项野生动物信托基金（Wildlife Trust）发起的挑战，每天花更多的时间体验自然。像“30 天户外挑战”这类大规模活动针对的是目前日益严重的公共健康危机：人们近 80% 的时间都在室内度过，在生理和心理上与自然环境日益脱节。亲自然本能是一种有意的认识，即人们需要与自然接触才能实现健康生活。在本章中，我们将分析新兴的亲自然设计运动如何将自然作为设计过程中的核心元素。

定义亲自然本能

亲自然本能（biophilia）的理论核心是人类对自然以及其他形式的生命相联系的内在渴望，Bio 意为“生物或生命”，Philia 意为“喜爱”。心理分析学家埃里希·弗洛姆首次提出并将其定义为“对生命和所有具有生命的事物的热爱”（Erich Fromm，1973），随后，美国植物学家爱德华·威尔逊（Edward Wilson）在 1984 年出版的《亲自然本能》（*Biophilia*）一书普及了这个术语。他认为，人类的进化史表明，人类天生就会关注、欣赏自然和其他生物（主要是动物），并与之建立情感联系。在人类历史的绝大部分阶段中，人们一直生活在小家庭与村落社群中，并与自然环境和动物密切接触。太阳提供了温暖和光明，大树提供了绿荫、建材和睡觉的地方，动物和随季节变化的植物提供了食物，草本植物则提供了药物。

图 6.1 上海市区同济大学河边亲自然设计的树干座椅（左，来源：孟钰），黄浦滨江座椅（右，来源：薛贞颖）。

人类历史上与自然的紧密联系被前所未有的快速城市化所打破。1800 年，世界上只有 3% 的人口生活在城市。而两百年后，世界上有一半的人口生活在人口密集的城市地区。有预测称，30 年后的 2050 年，68% 的人类将生活在城市中（United Nations，2005）。不过从进化的角度来看，人类并非完全适宜生活在建筑物或城市环境中。我们在深层潜意识中有一种强烈的亲近、接触自然的需求。无论是高密度城市新加坡的亲自然设计，还是首尔市中心清溪川的石头汀步，抑或上海市区同济大学内河边的树干座椅和黄浦滨江座椅（图 6.1），都表明在繁忙的城市环境中，置身于自然之中观赏或游玩是一件令人愉悦与平静的事。正如威尔逊所言，我们渴望置身于自然之中。这也解释了为什么人们会自然而然地想去寻找国家公园、绿地和河流，还会不远万里地去海边看一看、走一走。

人与自然互动的疗愈价值

大量文献表明，人与自然的互动具有疗愈作用。与自然的接触确实具有治愈的力量，针对不同距离、时间、规模和不同感官体验的人开展的与自然互动的研究一致表明，自然体验在生理和心理上都对人们的健康具有疗愈作用。多项来自不同学科的定性、定量研究发现，即使是少量的自然接触（如从窗外看风景、在公园散步或仅仅是看自然图片）也会对我们的健康、心情和整体幸福感产生积极影响。与自然接触能促进儿童成长、提高人们的免疫力、缩短病人手术后的康复时间、提高社会生产力和创造力。具体的益处包括缓解抑郁症、减少焦虑、降低血压和心脏病发病率、缓解工作压力和攻击性情绪，以及降低家庭暴力、肥胖和糖尿病的发生率等。2018 年《牛津自然与公共健康教科书》（*Oxford Textbook of Nature and Public Health*）（Van den Bosch and Bird，2018）中对这一类研究进行了全面而前沿的概述。

自然的疗愈作用是由罗杰·乌尔里希（Roger Ulrich，1984）提出的。通过对宾夕法尼亚一家医院的手术患者进行研究，乌尔里希发现，与只看到砖墙的患者相比，从床头能看到树木的患者康复的住院时间更短，止痛药用量更少，对护士的负面评价也更少。乌尔里希还主持了一间无窗急诊室的亲自然改造，将这个空间从普通的白墙和平淡无奇的家具布置改造成一个亲自然式的空间，设置了巨大的自然图案壁画、大型盆栽和自然色系的家具。这些简单的变化只是象征了自然而并不是让人实际接触自然，但仍然有效地减少了病人的攻击性行为、压力和对医护人员的敌意（Kellert，2018）。

其他研究也得出了类似的结论。一项研究对英国镜内 94,879 名参与者进行了大规模的调查，结果表明较低的抑郁症患病率与较高的住宅绿化率有关，即使控制其他物理、环境和社会变量，结果也是如此（Sarkar，Webster and Gallacher，2018）。一项使用脑部扫描技术的研究还发现，在自然环境中步行 90 分钟能减少与精神疾病相关的大脑区域的神经活动（Bratman et al.，2015）。在一家医院的实验中，30 名老年女性同时在两处试验区内进行为期两天的评估——一处是医院的屋顶森林，另一处是室外停车场。尽管她们只观察每个环境 12 分钟，但心率的测量结果显示，当她们在模拟的屋顶森林中时，生理上已经进入了放松的状态（Matsunga et al.，2011）。大多数医院患者只得到医生、护士和专职医疗人员几分钟的重点关照，但却要在病房的病床或椅子上待上几个小时。让人们能在医院、家庭和工作场所欣赏到自然的景色，并方便地与自然接触，是一种促进人们健康的简单途径。事实上，因为与自然接触具有很好的疗愈作用，一些国家的医生在开处方时，有时甚至会开出“绿色处方”——多接触自然会有助于病人的身心健康（详见第7章）。

在城市空间中融入自然也能产生积极的社会效益，特别是在降低犯罪率和暴力行为方面的作用，已在到研究中得到验证。最近的一项研究表明了绿化对芝加哥内城公共住房开发项目中居民的影响（Kuo and Sullivan，2001a）。警方记录显示，与周围植被较少或没有植被的建筑相比，周围绿化水平高的建筑内发生的犯罪率只有前者的一半——财产犯罪减少48%，暴力犯罪减少56%。除了减少犯罪外，绿色植物还会降低家庭暴力的发生率（Kuo and Sullivan，2001b）。

自然体验也能降低工作场所的缺勤率，并提高工作场所的生产力。实验研究表明，在“绿色”的办公室内工作的员工其认知能力是在传统环境中工作员工的两倍。与传统建筑相比，人们在绿色建筑中度过一天后，认知课分会高出61%，两天后高出101%（Allen et al.，2015）。大量的建筑学研究有力地证明了绿色、可持续设计特征的重要性，如通风、空气质量、热舒适度、声环境和照明等都对幸福感、健康和生产力有重要影响，这将在本书第10章进一步讨论。与动物的互动也有益于健康，哪怕仅仅是看着鱼缸里的鱼游泳，都能给人们带来平静的感觉，从而降低血压和心率（Cracknell et al.，2016）。在解释这一特定的心理机制时，大多数研究者都提到了注意力恢复理论（attention restoration theory）。该理论假设自然界中不断变化的刺激（风、草、树叶、光影、鸟和蜜蜂）会不由自主地吸引人们的注意力，使其停下脚步和放松——卡普兰（Kaplan，1989）将其称为注意力恢复假说。

设计结合亲自然理论——亲自然设计的出现

重新设计城市、空间和建筑，让自然融入其中，是设计中最先要做好的事，因为这对公共健康和个人的认知与身心健康都大有裨益。亲自然理论、亲自然城市主义和亲自然设计将人们对自然的体验与互动变成城市日常生活的一部分。通过改变建成环境和自然环境相互分离的现状，亲自然的城市环境不仅能促进健康与幸福，还能创造一座有弹性的城市——美丽、令人放松和振奋的城市，自然而然就会吸引人们远离科技产品，走出家门，让不经意的社会互动促进社会资本的发展。

亲自然设计运动提供了一个为自然而设计、结合自然而设计、从自然中设计的框架。这种富有见地而又有创新性的循证设计方法积极地促进了人与自然的联系，让自然得到重视，而不是被人们破坏或抹杀。克勒特和威尔逊是亲自然设计的早期倡导者，他们将其定义为有意地将人类与自然系统和过程的亲密关系（亲自然本能）转化并应用到建成环境设计中（Kellert and Wilson，1993）。亲自然设计明确地揭示了作为生物有机体的人类：（1）需要经常与自然接触才能健康生活；（2）必须通过现代建成环境的设计来促进和支持人与自然的互动。现有的大量文献叙述了亲自然城市主义及其设计方法，在一些当代绿色建筑认证体系中，亲自然是一个明确的指导方针（如第10章中的“生命建筑挑战”，Living Building Challenge）。亲自然理论有助于设计实践体系的重构，进而开创一种以自然优先的强大的新叙事范式。

一座亲自然城市不应仅仅停留在绿色基础设施、城市野生动物和步行环境这些可见的物理设计特征上，当然它们也还是很重要的（Beatley，2010）。真正的亲自然城市需要我们颠覆性地改变我们的关注点——重视与自然的情感联系和对自然的好奇心，这一转变能在政策和预算的优先事项中反映出来。在我们写这本书的时候，澳大利亚最大的河流系统——达令河中已经出现了100多万条死鱼。2019年1月是澳大利亚一百多年里最热的月份。再加上持续的干旱、河流污染和有关灌溉的一些具有争议的环境政策，极端的高温最终导致了这场环境灾难。至少，这场危机暂时提醒了那些“与世隔绝”的城市居民，乡村景观中生态系统是相互联系的，气候变化会给所有人带来潜在的破坏性影响。同样，从事亲自然设计实践，可以将城市居民与自然、与自然生命系统的时刻性、日常性和季节性变化重新联系起来。

世界上最令人尊敬的建筑往往会表现出对自然的强烈亲和力，并在模仿生物的过程中，将自然视为“模板、标尺和导师”。正如班亚斯所解释的那样，设计师必须仰视和学习自然，视之为“灵感的源泉”（Benyus，1997）。例如，试想弗兰克·劳埃德·赖特（Frank Lloyd Wright）的流水别墅（Fallingwater）与景观的紧密联系是如何让观察者着迷的。标志性的流水别墅于1937年在宾夕法尼亚州一处乡村建立，横跨在瀑布之上。赖特采用了天然的建筑材料、石质外墙和长长的水平面，使建筑融入自然景观之中。赖特的创新设计，特意将住宅置于瀑布的正上方，这不仅仅是为了观赏瀑布，也是将自然体验以瀑布的存在、声音和流动为媒介直接带入居住者在建筑中的日常体验。这种精心将自然融入建成环境的体验式设计是亲自然设计的精髓。

米兰的垂直森林（Bosco Verticale或Vertical Forest）在2015年被评为世界最佳高层建筑，它是促进城市生物多样性的都市复绿典范。米兰建筑师斯蒂法诺·博埃里（Stefano Boeri）用亲自然的表述来形容他对这座建筑的设想，说道：“这是在米兰天空中一座为树木和鸟类而建的住宅，也是人类居住的地方。”两座高层住宅塔楼上栽植了2万多棵草木，人均拥有2棵树、10株灌木和40株草本植物。该建筑吸引了很多当地的野生动物，屋顶上逐渐有了许多鸟巢，包括已在城市中绝迹的幼鹰和雨燕都在此筑巢。垂直森林清楚地证明了当代最佳的功能建筑和城市设计如何从根本上实现亲自然设计。垂直森林的屋顶绿化、垂直绿化是最公开可见的亲自然设计的案例，这种理念倡导了一种沉浸式的感官方法，即将多种自然要素融入建成环境中。亲自然设计对设计建造使用的材料、模式、质地、形式和全感官特征都有要求，要让人与自然能进行反复、持续的接触：视觉（可见绿色植物和水，考虑视野、植物多样性）、听觉（水声、鸟类、蝴蝶和其他昆虫的鸣声）、嗅觉（植物的芳香）和触觉（空气、雨、雾、植物、阳光）。通过创造性的方式应对当地独特的地形、气候和文化，亲自然设计通常会放大当地的自然特征，从而产生一种独特的地方性，即第4章所述的“场所精神”。

如第10章所详述的那样，当设计师想要同时遵循恢复性和再生性可持续性原则时，亲自然的设计方案也有助于适应和减缓气候变化。因为诸如树木、屋顶绿化、垂直绿化等亲自然设计特征也有助于城市降温，进而减少建筑物的能源需求和环境影响，降低城市热岛效应。一些简单的设计，例如停车场用草地或透水铺装代替传统的沥青或混凝土，就可以减少雨水径流，以减轻雨洪的影响。尽管亲自然设计源于古老的实践和原则，但它对当代城市仍具有积极的颠覆意义。亲自然设计大胆地重新想象了自然能如何改变我们的建成环境，并积极寻找机会，尽可能地修复、恢复环境并创造性地将自然融入城市环境中。

克勒特（Kellert）是确定亲自然设计关键原则和实践的第一人，为设计师提供了将自然系统融入设计过程的途径。他将亲自然设计工具或策略分为三种类型：对自然的直接体验（在建成环境中与自然的实际接触，包括与自然景观、天气、阳光、水、动物、空气、植物的接触），对自然的间接体验（自然的模式和过程、自然的图像、自然材料、植物图案、自然色彩、自然主义的形状和形式、仿生的和以自然为特色的艺术品），以及空间和场所的特征（自然环境的空间特征，包括与场所的联系和对瞭望－庇护的偏好）。克勒特的亲自然设计框架确定了六大要素和七十种属性，以促进人与自然界的积极互动（Kellert，Heerwagen and Mador，2008；Kellert and Calabrese，2015）。布朗宁、瑞安和克兰西意识到这样冗长的列表对城市设计师来说是个挑战，所以他们将这些要素和属性整合成十四种亲自然设计的核心模式，并区分了三种不同的背景：空间中的自然、自然类比和空间的自然本质（Browning，Ryan and Clancy，2014）。

布朗宁及其同事叙述了每种具体的亲自然设计特征是如何支持缓解压力、提升认知表现和增强情感/情绪的。例如，水景有助于降低人们的压力和血压，通风系统产生的微风使人们保持警觉，建筑物内部的花园和其中蜿蜒的小路可以促进人们互动。这些亲自然设计还让 COOKFOX 建筑事务所纽约办公室的使用者有了一次难忘的经历，他们目睹了一只鹰捕食小鸟的情景，从此改变了他们对屋顶绿化的看法。屋顶绿化不再仅仅是装饰性的花园，现在已被视为城市生态系统的重要组成部分。表 6.1 列出了布朗宁等总结的十四种模式，结合实际设计案例说明这些模式是如何与设计实践相互联系的。但正如卡普兰夫妇和瑞安所说，很难存在一种通用的设计方案，“好的”设计方案往往是那些会回应基地独特特征的、具有地方性的方案（Kaplan R.，Kaplan S. and Ryan，1998）。

表 6.1 布朗宁等人提出的 14 种亲自然设计的核心模式

语义	模式	设计要素和实例
空间中的自然 通过运动、多样性和多感官的互动，自然在建成环境中“直接、实际和短暂存在”。包括室内外的植物、屋顶绿化和垂直绿化、水景（喷泉和鱼池）、蝴蝶和庭院花园等形式。	1. 与自然的视觉联系	对自然元素、自然过程和生命系统的展现。白桦树和苔藓花园位于纽约时报大厦出入口的中心位置，为繁忙的时代广场提供了一片宁静的绿洲。
	2. 与自然的非视觉联系	非视觉性的互动往往被低估，但它能刺激其他感官（听觉、触觉、嗅觉和味觉），能有意地、积极地唤起与自然的联系。典型的例子包括芳香植物和鲜花的气味，以及流水的声音。
	3. 非节律性的感官刺激	指的是大自然中丰富的非节律性感官刺激，一般处于持续和不可预测的变化中。居住在自然栖息地附近能够让居民获得如微风吹动树叶、水面泛起涟漪、昆虫嗡嗡作响等短暂的体验。在澳大利亚，城市艺术项目（Urban Arts Projects）在布里斯班机场航站楼停车场的墙壁上创造了一个不断变化的动感立面——它在风中移动和起伏，并随着阳光的照射呈现出光影图案。该立面在符合可持续发展理念的同时为人们提供了通风和遮阳。上海外滩金融中心的滨水立面也是随风而动的。
	4. 热环境和气流变化	建筑和空间在气流和表面温度上应有微妙的变化，以模仿自然环境。下文介绍的新加坡邱德拔医院（Khoo Teck Puat Hospital）就是一个很好的例子，展现了成熟的设计如何最大限度地利用光照与阴影变化、新鲜空气和自然风提高热舒适度。
	5. 水	看到、听到或触摸到水都可以让人立刻平静下来。1965 年，路易·康（Louis I. Kahn）在加州的索尔克生物研究所（Louis Kahn Salk Institute）的中央庭院中设置了一条流向太平洋的水道。在这个混凝土构造的静谧空间里，简单的力量和美感超出了人们的想象。
	6. 动态与光的漫射	光影的巧妙运用能展现自然界中发生的自然昼夜变化，传达出运动、阴谋和平静。例如，建于 2017 年的马来西亚帕拉米特工厂（Paramit factory），从开放的玻璃墙和天窗中引入漫射的自然光，并通过周围的植被遮挡创造丰富的光影。
	7. 与自然系统的联系	与自然系统直接联系可以展现自然的季节性，为使用者提供放松或沉思的时刻。例如，在恩克朗礼拜堂（Thorncrown Chapel）中，费·琼斯（E. Fay Jones）通过自然材料、植物和光线的使用使周围的森林充满生机。

续表

语义	模式	设计要素和实例
自然类比 使用自然界有机的、非生物的和间接的要素（模式、材料）唤起人们的联想。	8. 生物形态和模式	将自然界的形状和形态引入室内，对自然界中的轮廓、图案、纹理或数字排列进行象征性表达。斯德哥尔摩国王花园（Kungsträdgården）地铁站的亲自然主义图案就是一个巧妙的例子。
	9. 与自然的物质联系	通过来自大自然的材料和元素，经过最少的加工，反映出当地独特的生态环境，并创造出独特、真实的地方性。例如，新加坡 WOHA 公司设计的阿丽拉别墅（Alila Villas Uluawtu，位于印度尼西亚巴厘岛）所使用的材料就体现了生态可持续发展的理念，它所有材料都来自当地。使用岩石、竹子和木材来建造建筑，阶梯状的屋顶则是由巴厘岛火山浮石制成。
	10. 复杂性和秩序	在这种模式中，丰富的感官信息依附于自然界中类似的空间层次。布朗宁等人将位于安大略省多伦多布鲁克菲尔德广场（Brookfield Place）如大教堂般的兰伯特广场及其中庭（Lambert Galleria and Atrium）作为一个典型例子。由圣地亚哥·卡拉特拉瓦（Santiago Calatrava，1992）设计的柱列形成了复杂的树状天幕，将漫射的光线和丰富的阴影引到庭院中。
空间的自然本质 人类在心理和生理上如何对不同的空间配置作出反应	11. 瞭望	如第 2 章所讨论的，瞭望是指提供不受阻碍的观景空间，使人有安全感和控制感。索尔克生物研究所（Salk Institute for Biolongical Studies）的中心广场就是一个范例，阳台和开放式内部格局使人们能够瞭望远处。
	12. 庇护	如第 2 章所讨论的，庇护是提供隐蔽让人们受保护的地方。常见的例子如侧面有遮挡的座椅，能在突发天气时提供庇护。
	13. 神秘感	神秘感通过设置被遮挡的景观，提供发现感或期待感，吸引人们去探索。布朗宁等人将纽约布鲁克林的展望公园（由 Frederick Law Olmsted 和 Calvert Vaux 设计）中被遮挡的视野列为典范。
	14. 风险 / 冒险	一个有风险 / 威胁的空间使人感到有些危险，但同时具有可靠的保障。一个经典的例子是洛杉矶县立艺术博物馆的户外公共艺术作品悬浮巨石（Levitated Mass）——人们直接从一块巨石下面通过。

亲自然设计理论在实践中的应用

下面将详细介绍三个不同尺度的亲自然设计案例：亲自然城市主义（新加坡，“花园城市”）、新式医疗（医院和玛吉癌症中心）和桥梁（摩西桥和巴特桥）。

1）新加坡——通过亲自然城市主义创造的“花园城市”

新加坡这个紧凑的东南亚岛屿国家，其人口密度在世界上排名第三位（7909人/平方千米），享有“花园城市”之称。1963年，时任新加坡总理的李光耀（被称为新加坡的“首席园丁”）发起了一项绿化行动，并亲手在荷兰广场的交通环岛种下第一棵树苗。随后新加坡陆续种植了200多万棵树，形成了一个由公园、花园、自然保护区和绿地组成的郁郁葱葱的绿色网络，旨在将居民（和游客）与自然联系起来。这项绿化行动除了改善城市生物多样性和视觉舒适度外，还有意识地整合了景观设计特征（阴影、遮蔽物、空气、视线、植被），这些都有助于应对热带气候，缓解热岛效应和降低环境温度，也能改善空气和水质。

自然是新加坡的核心竞争力，如名为“海湾花园”（Gardens in the Bay）的项目就说明了这一点。这个标志性花园建在通过填海而得的土地上，占地101公顷，旨在将人、自然和科技结合在一起，并强调自然系统的运作过程。其中的大型金属构筑物“超级树”（Super Trees）上，有许多植物覆盖和攀附。对比1986年和2007年的两张卫星照片可以看出，新加坡人口增加了70%，绿化覆盖率也增加了20%（Newman，2014）。新加坡的亲自然故事已经被拍成了电影，为其他国家提供了灵感和指导（Films for Action，2012）。

新加坡的一系列政策、财政激励、研讨会和奖励机制都支持了亲自然设计实践。为了增加垂直绿化，“摩天楼绿化激励计划”（Skyrise Greenery Incentive Scheme）为屋顶和垂直种植的安装费用提供高达50%的资金，并通过年度奖项对创新项目进行表彰。2017年的一个获奖项目是淡滨尼天地（Our Tampines Hub）第五层的生态社区花园（Eco-Community Garden）。该花园目前由志愿者管理。这个可观赏的、种植茂盛的花园采用通用设计原则，为老年人和轮椅使用者专门设计了相应的花池（关于老年友好、包容性设计的讨论，见第9章）。

新加坡国家公园管理局（Singapore's National Parks Board）也致力于“保护、创造、维护和加强绿色基础设施”。公园连道网络（Park Connectors Network）将原本被忽视的土地（如排水沟、前滨地区和道路保护区）改造成绿廊以连接主要公园，并提供照明、避雨亭和运动驿站。其中一个精彩的案例是将一条笔直的3.2千米长的混凝土雨水排水沟改造成美丽蜿蜒的小溪，将未充分利用的空间变成一个激发亲自然本能的地方。在德国景观设计师赫伯特·德莱塞特尔（Herbert Dreiseitl）的带领下，碧山－宏茂桥公园（Bishan-Ang Mo Kio）的开发将当地高层公寓的居民与河流、公园重新联系起来，并对传统的灰色基础设施（混凝土雨水沟）进行了重新设计，使其成为亲自然设计和蓝绿城市主义的典范。蓝色城市主义强调城市与海洋的连接，绿色城市主义则是与自然的连接（Beatley，2014；Dreiseitl et al.，2015）。这条经过生态修复的河流已经成为了公共空间系统的重要组成部分，它促进了社会互动，给人们提供了活动身体以及与自然接触的机会。

通过将实践变为日常实践，新加坡WOHA公司的作品常在这些奖项中得到认可，该公司是由黄文森（Wong Mun Summ）和理查德·哈塞尔（Richard Hassell）（WOHA是他们姓氏的组合）领导的建筑设计团队。WOHA设计的海军部综合体（Kampung Admiralty）荣获2017年摩天楼绿化杰出奖（Skyrise Greenery Outstanding Award）和2018年世界建筑节年度世界建筑（World Building of the Year at the 2018 World Architecture Festival）。这是新加坡第一个综合的公共开发项目，除了提供商业、社区、保健和医疗服务而外，还是住宅和养老设施的组合。这座多功能建筑被作为应对日益增长的老龄化人口的典范。在项目中，WOHA的亲自然设计体现在一个宽敞的天井和一系列分层堆叠的屋顶绿化上。该建筑整体绿化空间的面积大于建筑的占地面积。设计师在底层特意种植了有助于雨水过滤的植物物种，并在居民打理的小菜田里种植了促进生物多样性和提供栖息地的植物。上述例子都说明了新加坡是如何有目的地迈向亲自然城市主义的宏伟愿景——人们不是参观自然，而是真正生活在自然中。正如比特利所称，“为什么人们要走到公园或参观公园？相反，城市不就应该坐落在公园里，成为公园吗？”（Beatley，2016：29）。

2）医疗保健领域的亲自然设计

第二个例子主要反映在当代已经变得非常具有亲自然性的医院设计中。曾经实用主义的、冰冷的临床医疗空间，现在越来越多地被设计成舒适的、以病人为中心的、以自然为启发的治疗环境。无论是通过建造内部的花园、窗户处的鸟类喂养器和垂直绿化，还是通过技术播放和展示来自自然界的舒缓声音与场景（如麦德塞特尔 Mindsettle 的宁静海洋影片），当代医院都处于最佳亲自然设计创新实践的前沿（Totaforti，2018）。正如克勒特所述，目前正处于医疗设施设计革命性变革的黎明时期，设计已“认识到人类的身体、思想和精神在多大程度上仍深深地依赖于与人类之外世界的联系，而人类也仍然是这个世界的一部分”（Kellert，2018：251）。

在澳大利亚，2011 年设计的拥有 272 张床位、耗资 10 亿澳元的墨尔本皇家儿童医院（Melbourne Royal Children's Hospital）也以打造“公园里的医院”为愿景，赢得了包括 2012 年世界建筑节“世界最佳健康建筑”（World's Best Health Building）在内的 30 多个奖项。贝茨·斯马特（Bates Smart）设计团队从独特的地方性中获得灵感（见第 4 章），特别是从场地周围森林公园的自然纹理、色彩和形态中，并将自然的“柔和魅力”融入整个建筑。建筑外部被遮阳的“叶子”覆盖，灵感来自树的冠层；内部有一个自然采光且宽敞的中庭，提供了游乐场、表演空间和大型艺术作品，还有水族箱和灰沼狸圈。医院的主大厅有大型艺术品、商店和明亮的开放空间，中心是一个两层楼高的珊瑚礁水族箱，内有 40 种不同的鱼类，包括 2 条黑尖礁鲨和 1 条斑点长尾须鲨，这些都是在澳大利亚大堡礁上发现的。该设计最大限度地利用了自然光和邻近公园的景色，公园内还设有一个大型游乐场，从医院可以很方便地进入。

在较小的尺度内，自然也可以激发出富有创意和趣味性的寻路设计。伦敦的伊芙丽娜儿童医院（Evelina Children's Hospital）每一层都有一个独特的生态主题（例如，从“海洋”“北极”“森林”到“草原”“山地”“天空”），不同的颜色和生物提供了寻路提示。如蝴蝶等完整的生物可以在主要地点找到，提示随着寻路的深入而逐渐被分解——这意味着孩子可能会在床下发现一只翅膀

（Lawson，2010）。

也许在以亲自然本能为灵感的医疗设计中最有启发性的例子是玛吉中心（Maggie's Centres）。玛吉中心由已故的玛吉·凯斯威克·詹克斯（Maggie Keswick Jencks）和她的丈夫、建筑理论家查尔斯·詹克斯（Charles Jencks）共同创立，为癌症末期病人提供位于英国伦敦和中国香港的设计精美、舒适的庇护所。玛吉中心被称为"希望的建筑"（architecture of hope），有着丰富的亲自然设计要素，鼓励使用光线和天然材料，增强人们与自然的接触，以提升大家"走进玛吉中心的精神感受"（Maggie's Centres，2015：10）。

> 室外与室内空间、建筑与"自然"环境之间的相互作用是非常重要的。即便待在室内，外面的季节性和随时变化的景象会提醒你，你仍然是这个生机勃勃的世界的一部分……景观园艺师会利用种植设计将嗅觉和视觉结合起来，也会考虑植物在雨中和阳光下的呈现，营造出具有一定私密性的区域；会种植多年生的球根植物、会开花结果的树木，还有在次年萌芽之前"已经死亡"的植物。有时，一个处于极度痛苦之中的人所能忍受的，只是从一个避风处望向窗外，看到树枝在风中摇曳。我们希望在建筑的任何地方都能有尽可能多的机会向外看，即使是看向一个内部种植的庭院。
>
> （Maggie's Centres，2015：5）

传统的医院建成环境通常是客观、冰冷的，而奥尔德姆癌症治疗中心（Maggie's Oldham）却不同样，建筑师特意用木材的温暖来表达希望。一棵树从一个不对称的大洞中生长出来，自然和日光被引入室内。诺曼·福斯特（Norman Foster）在曼彻斯特设计的玛吉中心也使用了类似的木质框架，引入自然光，使之与花园融为一体。大面积的落地窗提供了自然景观的视野，倾斜的横梁形成了曲折的图案，三角形的天窗将光线射入办公室。一位患有癌症的女士在谈到伦敦玛吉中心时说："这个花园令人感到自由自在，每个人都拥有无须与任何人交谈的私人空间，有时这些比任何药物都更有价值。人们可以从好的场所中获得勇气，吸入勇气，再呼出恐惧。"（Shackell and Walter，2012：8）

3）在不可能之处进行亲自然设计

亲自然设计甚至延伸到了人们意想不到的地方。一些全球性的设计公司正在将人或动物走过桥梁的体验打造成一种亲自然的体验。在荷兰，RO&AD 建筑事务所设计了摩西桥（Moses bridge），这是一座隐形的下沉式人行桥，提供了一条通往 17 世纪建造的卢佛瑞堡（Fort de Roovere）的通道。这座桥被荷兰建筑师联盟（Union of Dutch Architects）评为 2011 年年度最佳建筑，其壕沟般的形式灵感正是来自该地区的历史。从远处看，这座桥是不存在的；当走入时就能体验在水中行走且不会被沾湿（就像摩西分海的传说一样）。这种设计本质上是亲自然的，也主要使用天然材料（内衬金属箔的耐腐木材）以象征性地让人们浸入水中。

同样是在荷兰，NEXT 建筑事务所打造了生态友好且服务于自然的功能性基础设施：与荷兰哺乳动物协会（Dutch Mammal Society）的蝙蝠专家合作设计的蝙蝠桥。蝙蝠桥的桥体是厚重的混凝土结构，在冬天为蝙蝠保暖，在夏天为其降温，桥上木质覆层的间距也是特意为蝙蝠设计的，为其提供能在春天栖息的缝隙。

迈向绿色未来

当然，亲自然设计并不仅仅是一种风格上的形式选择，它是一种有意识地将自然与建成环境融合、引起人们亲自然反应的设计理念。上述例子都证明了亲自然设计的绝佳实践如何提供神奇的、深度的沉浸式体验，如何将自然中的舒适造型、声音、材质和气味融入建筑、公园、住宅和办公空间的设计中。全球设计师正在以创新的方式利用亲自然设计原则。

本章分享的案例为亲自然主义提供了强有力的循证基础。当代的设计师拥有难得的机会——可以积极地重新设计建成环境，以提升人们的生理和心理健康。设计师必须拥抱、倡导和尝试亲自然设计，为未来创造另一种受自然启发的愿景，让我们的城市空间变得更“绿”，而不是更“灰”。

参考文献

Allen, J., MacNaughton, P., Satish, U., Santanam, S., Vallarino, J. and Spengler, J. (2015). Associations of Cognitive Function Scores with Carbon Dioxide, Ventilation, and Volatile Organic Compound Exposures in Office Workers: A Controlled Exposure Study of Green and Conventional Office Environments. Environmental Health Perspectives 124(6): 805 - 812.

Beatley, T. (2010). Biophilic Cities. Washington, DC: Island Press.

Beatley T. (2014). Blue urbanism: Exploring Connections between Cities and Oceans. Washington, DC: Island Press.

Beatley T. (2016). Handbook of Biophilic City Planning and Design. Washington, DC: Island Press.

Benyus, J. (1997). Biomimicry: Innovation Inspired by Nature. New York: HarperCollins.

Bratman, G., Hamilton, J., Hahn, K and Daily, G. (2015). Nature Experience Reduces Rumination and Subgenal Prefontal Cortex Activation. PNAS 112(28): 8567 - 8572.

Browning, W. D., Ryan, C. O. and Clancy, J. O. (2014). 14 Patterns of Biophilic Design. New York: Terrapin Bright Green.

Cracknell, D., White, M., Pahl, S., Nichols, W. and Depledge, M. (2016). Marine Biota and Psy-chological Well-being: A Preliminary Examination of Dose - Response Effects in an Aquarium Setting. Environment and Behavior 48(10): 1242 - 1269.

Dreiseitl, H., Leonardsen, J. and Wanschura, B. (2015). Cost-Benefit Analysis of Bishan-Ang Mo Kio Park. National University of Singapore. Retrieved from https://ramboll.com/-/media/files/rnewmarkets/herbert-dreiseitl_part-1_fireport_22052015.pdf?la=en (accessed January 10, 2019).

Films for Action (2012) Singapore: Biophilic City. Retrieved from www.films foraction.org/watch/singapore-biophilic-city-2012

Fromm, E. (1973). The Anatomy of Human Destructiveness. New York: Holt, Rinehart and Win-ston.

Kaplan, R. and Kaplan, S. (1989). The Experience of Nature: A Psychological Perspective. New York: Cambridge University Press.

Kaplan, R., Kaplan, S. and Ryan, R. (1998). With People in Mind: Design and Management of Ev-eryday Nature. Washington, DC: Island Press.

Kellert, S. (2018). Nature in Buildings and Health Design. In M. Van den Bosch and W. Bird (Eds.), Oxford Textbook of Nature and Public Health: The Role of Nature in Improving the Health of a Population. Oxford: Oxford University Press, 247 – 251.

Kellert, S and Calabrese, E. (2015). The Practice of Biophilic Design. Retrieved from www.biophilic-design.com (accessed September 13, 2018).

Kellert, S. R., Heerwagen, J. and Mador, M. (2008). Biophilic Design: The Theory, Science, and Practice of Bringing Buildings to Life. Hoboken, NJ: John Wiley.

Kellert, S. and Wilson, E. O. (1993). The Biophilia Hypothesis. Washington, DC: Island Press.

Kuo, F. and Sullivan, W. (2001a). Environment and Crime in the Inner City: Does Vegetation Reduce Crime? Environment and Behavior 33(3): 343 – 367.

Kuo, F. and Sullivan, W. (2001b). Aggression and Violence in the Inner City. Environment and Behavior 33(4): 543 – 571.

Lawson, B. (2010). Healing Architecture. Arts and Health, 2(2): 95 – 108.

Maggie's Centres (2015). Maggie's Architecture and Landscape Brief. Retrieved from www.maggiescentres.org/media/uploads/publications/other-publications/Maggies_architecturalbrief_2015.pdf (accessed December 1, 2018).

Matsunaga, K., Park, B., Kobayashi, H. and Miyaazaki, Y. (2011). Physiologically Relaxing Effect of a Hospital Rooftop Forest on Older Women Requiring Care. Journal of the American Geriatrics Society 59(11): 2162 – 2163.

Newman, P. (2014). Biophilic Urbanism: A Case Study on Singapore. Australian Planner 51(1): 47 – 65.

Sarkar, C., Webster, C. and Gallacher, J. (2018). Residential Greenness and Preva- lence of Major Depressive Disorders: A Cross-sectional, Observational, Associational Study of 94,879 Adult UK Biobank Participants. The Lancet Planetary Health 2(4): e162 – e173.

Shackell, A. and Walter, R. (2012). Green Space Design for Health and Well-Being. Edinburgh: Forestry Commission.

Totaforti, S. (2018). Applying the Benefits of Biophilic Theory to Hospital Design. City, Territory and Architecture 5(1): 1 – 9.

Ulrich, R. (1984). View Through a Window May Influence Recovery from Surgery. Science 224: 420 – 421.

United Nations (2015). World Urbanization Prospects. The 2014 revision. New York: United Nations. Retrieved from https://esa.un.org/unpd/wup (accessed January 12, 2019).

Van den Bosch, M. and Bird, W. (2018). Oxford Textbook of Nature and Public Health: The Role of Nature in Improving the Health of a Population. Oxford: Oxford University Press

Wilson, E. (1984). Biophilia. Cambridge, MA: Harvard University Press.

第二部分
将设计理论应用于全球重要议题

本书第二部分将讨论如何利用第一部分中的设计理论来实现更精心的、创新的和创造性的城市设计，以应对四个关键的全球重要议题：健康本源设计、儿童友好性设计、老年友好与包容性设计，以及可持续性设计。

本书的论点很简单，通过“理论风暴”的方法有意识地运用“可供性”“场所精神”和“亲自然”等设计理论。这种明确的策略旨在改善设计实践，实现生成性思维，并促进美好场所的营造。除了描述每个重要议题的起源和原理外，第二部分的每个章节将分别通过一个情场介绍一系列循证设计中的不同考虑、创意和可能性。例如，老年友好与包容性设计这一章，就探讨了从瞭望－庇护、可供性、个人空间、场所依恋和亲自然设计等各种角度设计的公共汽车候车亭可能是什么样的。

我们希望读者对这些情境进行批判性反思，并鼓励将它们与自己的经历、社区的经历联系起来。如果可能的话，还能与读者自己的设计实践联系起来，进而深入思考理论指导设计的潜在影响。那么，采用“理论风暴”的方法是否能积极地改变你的设计成果呢?

7 健康本源设计——倡导健康生活

健康本源设计不只是关注疾病治疗，还需将个人的预防措施考虑在内，以此实现健康的环境。健康本源设计是创造美好场所、为所有人提供日常活动场地和健康生活方式的物质基础。

今天的人们面临着全球性的健康危机。当人们读报纸或听早间谈话节目时，十有八九会听到有关过度肥胖、心脏病、抑郁症、癌症或糖尿病的新闻，这着实令人震惊。因此，找到能让所有人过上健康生活的方法显得越来越重要。本章认为，健康本源设计可以创造能够减轻压力、鼓励体育锻炼和提供社交机会的美好场所，从而保障人们日常的健康与幸福。

在 20 世纪 80 年代末，我的高中设有一间吸烟室。作为一个不吸烟的人，我虽然从来没有进去过，但确实对那里充满了好奇。吸烟室就在食堂旁边，如果遇到有学生或老师碰巧出来时，就会闻到一股烟味。庆幸的是，因为已有令人信服的证据表明吸烟与肺癌等其他一系列健康问题有关，这个吸烟室如今已被禁止开放。吸烟不仅影响吸烟者，而且会影响所有接触二手烟的人，可以说会带来严重的公共卫生问题。许多城市、企业和机构正在采取措施，劝阻人们并最终禁止在公共场所吸烟，这是社会迈出的重要一步。然而在我们的城市环境中，其他不健康的行为仍然存在。

不健康的饮食就是一个典型的例子。众所周知，吃快餐食品不好，经常吃的话对健康尤其不利。快餐食品通常含有较高的饱和脂肪酸、糖和盐，这也是人们喜欢吃快餐的原因之一。摩根·斯普洛克（Morgan Spurlock）在其 2004 年的纪录片《超码的我》（*Supersize Me*）中记录了一项社会实验，向人们展示了吃太多快餐的负面影响。虽然他每天只吃麦当劳的方法有点极端，但无法忽视的是大众肥胖率的统计数据。2016 年，全球 18 岁及以上成年人中约有 39% 超重，13% 肥胖（WHO，2018）。虽然不同国家、不同年龄段的肥胖率有所不同，但这些数字都是惊人的。在我们的城市环境中，任何时间都可以方便地买到快餐食品。不论工作或社会经济地位如何，每日工作时间较长的人容易吃更多快餐（Zagorsky and Smith，2017）。在这样普遍而危险的形势下，不能将其归结为个人动机或自制力问题。在某种层面上，要想解决饮食不健康的问题，我们必须改变城市的环境。如果能更容易获得健康食物，就更有利于人们养成健康的饮食习惯，降低超重和肥胖的风险（Hilmers et al.，2012）。如果设计师、规划师和决策者鼓励甚至要求食品供应商提供大家方便、健康的选择，那么健康饮食就更有可能成为主流。无论是现在还是将来，健康本源城市设计支持这些进步的理念，为我们的健康与幸福带来积极的影响。

除了讨论健康本源设计实践的重要性，本章的后半部分还阐述了“理论风暴”在设计过程中结合理论的价值。表 7.2 以多功能步道这个常见的设计为例，说明

图 7.1　沿布里斯班河的宽阔步行道，为人们提供了理想的活动、呼吸新鲜空气和社交的环境。（来源：德布拉・库欣）

了健康本源设计的一些理论要点。不过在讨论这些要点之前，首先要了解一下在设计实践中主动应用健康本源方法的起源、影响和价值（图 7.1）。

健康本源学说的理论起源

健康本源设计依托健康本源学说的模型，意图创造出能够让人们在身心之间建立平衡的场所，以保证全面的身心健康。由此设计的场所是创新的、具有承载力的和令人振奋的，也不会令人消极失落。其中的重点通常是提供日常锻炼的机会、均衡的营养、接触自然的机会、清洁的空气、安全的场所和有利于社会互动的环境。一开始就通过人性化的设计来促进这些生活方式，有助于应对和预防肥胖、痴呆、孤独和社会隔离等全球性健康问题。

医学社会学家亚伦·安东诺夫斯基（Aaron Antonovsky）以健康本源理论闻名，将这一概念解读为“健康的来源”（Antonovsky，1996；Mazuch，2017）。健康本源模型将人视为一个复杂的个体，而不以病理特性、残障与否或个人特征加以识别。健康本源设计采用系统性的思维方法，在整体环境中看待个人，揭示两者间存在的关联性（Eriksson，2017）。这一模型要求“研究促进性、预防性、治疗性和康复性理念和实践的优劣势”，并主张能保障身心健康的积极因素是存在的（Antonovsky，1996：13）。这里必须强调“积极”一词，要知道环境不一定会导致疾病或不健康，但也不一定能使人保持健康。仅仅保持人们不患病是不够的，还需要通过创造美好场所主动地追求全民健康。

主动的健康本源模型与被动的致病模型（pathogenic model）在本质上是相反的。致病模型方法从疾病出发，确定如何“预防、应对和治疗”疾病；相比之下，健康本源模型首先考虑的是健康，确定一个人如何能够“维持和改善身心健康”（Becker et al.，2010：2）。正如贝克尔等人所指出的，“这些策略将共同创造一个能够培育、支持并促进身心健康的环境”（Becker et al.，2010：5）。在当今城市化的社会中，如果想要成功地获得最佳的健康状态，这两种模型当然都是需要的。世界卫生组织将健康定义为“不仅仅没有疾病或缺陷，而且处于一种完满的生理、心理及社会适应性状态”（WHO，2019a）。从这个被广泛使用的定义可以看出，致病模型方法是不够的。设计师、规划师和决策者常常因为只能使用被动的方法来解决现有的问题而倍感压力。当然，这种方法在应对当前的许多状况时又是至关重要的。但同样重要的是如何在状况未恶化之前保持和促进健康。设计师不仅要通过创造性的方案来解决问题，而且还要为未来找到缓解和预防该问题的方法。

正如本书中涉及的大多数环境行为学概念所主张的，人与设计出来的环境之间存在着互动。设计师不能只关注环境，而不了解人类与环境互动的心理。同样，健康专家和其他有志于通过行为引导公众改善健康状况的人，也不能轻易忽视人们生活、工作和娱乐的建成环境对其日常选择以及健康的影响。双方都必须参与到环境与人的对话中。健康本源设计方法促进了人与环境间对话的产生，并通过个人的心理一致感来理解如何与建成环境感应、互动，甚至改变建成环境。

应用心理一致感概念

健康本源模型的六个关键要素是复杂性（complexity）、冲突性（conflict）、混沌性（chaos）、一致性（coherence）、强制性（coercion）和文明性（civility）（Eriksson，2017），所有这些要素都是个人或群体在某种情景中体验到的。心理一致感本质上描述了人们应对压力的能力——应对压力的动机（意义感），对自身能理解压力的自信（可理解力），以及处理压力的条件（可应对性）（Antonovsky，1996）。在这一概念中，健康被视为一个过程。如果具有心理一致感，就有能力理解压力或消极的情况，有动力采取行动应对它，并有能力成功克服它（Eriksson，2017）。将这些要素和经历转化到设计领域，意味着将焦点从人的身上转移到环境内提供的机会上。

心理一致感被认为是一种生活取向，它与一个人利用其自身条件的能力以及支配外部资源的能力有关（Eriksson，2017），是一种应对外部混乱的方式。上述条件、资源被称为广义的抗性资源（resistance resources），可以是物理性的（如强健的体魄）、人工性的（如足够的金钱）、认知性的（如受良好教育）、社会性的（如为朋友两肋插刀）和宏观社会性的（如拥有坚定的文化信仰）（Griffiths et al.，2011）。因此，我们所面临的挑战是如何在城市中创造美好的场所，让人们可以充分利用环境发展个人的抗性资源。

研究人员已经发现了三个能帮助人们形成强有力的心理一致感的因素：状态保持相对稳定，不能一直面对变化或未知；在压力和放松间保持平衡；以及让人们有机会参与影响其处境的决策（Eriksson，2017）。每一个因素都会受到建成环境和设计理论的影响。例如，适当的可供性和提示确保人们能够有机会释放压力且不感到乏味；能够有意义地参与决策，提高自主性；还能参与社区建设，发展场所依恋。

此类设计并不容易。以日照为例，光线与血清素的水平有关，从而影响我们的昼夜节律情况（Golembiewski，2012）。如果经常处于缺乏充足日光的环境中时，血清素水平可能会降低，就可能会扰乱人们的睡眠模式或者加剧体内的炎症。这是光照疗法被用于治疗季节性情感障碍和抑郁症的部分原因（Golden et al.，2005）。如果设计的建筑和环境能够接受自然光，就有助于预防上述疾病。但这也有一个缺点，如果日照过多而遮阴不足，特别是在皮肤癌发病率较高的温暖气候下，人们也可能会对户外活动望而却步。因此，设计时需要尽可能地了解所有的相关因素并找到一个平衡点。表 7.1 列出了一些促进健康的环境因素和建成环境中与行为结果相一致的情况（改编自 Stokols，1992：9）。

表 7.1　健康与所需环境资源

健康的维度	环境资源	对行为和心理的影响
身体健康	抗伤害和符合人体工程学的设计， 无毒和无致病性的环境	生理健康， 无病无伤， 舒适， 遗传和生殖健康
精神及情绪安宁幸福	环境的可控性和可预测性， 环境的新奇性和挑战性， 低干扰性， 美观， 象征性和精神性要素	对个人能力的认可， 挑战和成就感， 能力成长， 最小化情绪困扰， 强烈的个人认同感和创造力， 对物理和社会环境的依恋感

续表

健康的维度	环境资源	对行为和心理的影响
社会凝聚力（组织与社区层级）	社会性的支持网络， 参与式设计和过程管理， 组织的反应能力， 社会经济稳定， 群体间冲突的减少， 宣导健康的媒体	高度的社会互动， 对组织和社区的信任和满意感， 社区及组织层面的高生产力和创新能力， 较高的生活品质， 健康促进、伤害预防和环保行为的普及

（来源：改编自 Stokols，1992）

良好的健康离不开环境所提供的抗性资源和个人的心理一致感之间的相互作用。一个具有较强心理一致感的人，即使在抗性资源匮乏的环境中，可能更有能力进行促进健康的活动。然而，在同样的环境中，心理一致感较弱的人要想进行健康的活动则会面临更大的挑战。因此，健康本源显然是一种依赖于通用性设计和社会公正原则的设计方法。

创造健康城市

虽然创造健康的城市是一项复杂的任务，需要大量决策者和专业人士的支持和投入，但设计师在其中的作用至关重要。在多个层面上，建成环境专业人士需要重新思考如何设计我们的城市环境，使其更有益于维持健康。从全球视角来看，世卫组织提醒我们，健康的场所是一个复杂的系统，并指出“支持性环境的创造包含了物质、社会、精神、经济和政治等许多层面。每一个层面都与其他层面有着千丝万缕的联系并相互影响。我们必须在地方、区域、国家和全球尺度下相互协调，以实现真正可持续的解决方案”（WHO，1991）。

世卫组织健康城市的倡议将城市视为一个整体，并整合了关键的人与场所的概念，包括“城市形态、交通和可达性、绿地、游憩和康体活动、基础设施、环境质量和政策”（Maass et al.，2016）。这一健康城市计划于 1986 年提出，目前全球 1000 多个城市都在努力实施改善人口健康的战略。该计划使人们对环境和健康之间的联系有了新的理解，并建立了各机构间的合作伙伴关系（WHO，

2019b）。世卫组织对健康城市的定义同时也指导着设计师和规划师：

> （健康城市是）不断创造和改善物质和社会环境，扩展社区资源，使人们能够相互支持、发挥生命的全部功能、最大限度地发展自身潜力的城市。
>
> （WHO，2019b）

城市内部以及城市群的健康促进举措正在增加，也涌现了更多对健康生活方式相关环境因素的研究。尽管这些研究的结果有时很有说服力，但并不容易转化为规划设计实践。因此作为设计教育者、研究者和实践者，最为重要的是确定我们可以做些什么来改变现状。美国疾病控制中心（Center for Disease Control in the United States）开发了“健康社区设计清单工具”（Healthy Community Design Checklist Tool），重点是要求社区建设至少要提供一处医疗设施，并且制造宜居、宜步行的环境（Cooper Marcus and Sachs，2014）。该工具为居民提供了一个简单的清单，列出了他们可以在社区中找到的促进健康的设施，如农贸市场、人行道和路灯。在健康举措推进的过程中，需要优先考虑结合了社区参与、发挥了当地特质和使用了可靠数据的针对性环境战略。正如我们在本书中所论证的那样，对设计理论的运用，尤其是以场地为导向的场所精神和场所依恋理论，能为这一过程提供了良好的起点。

促进健康与幸福的场所营造策略

健康本源设计也包括创造富有刺激性的场所以吸引人们的注意，使他们愿意花时间保持积极和健康。丹麦建筑师和城市设计师扬·盖尔提出，基于每小时步行 5 千米的速度，一条好的城市街道应该每 5 秒钟就给行人提供一些有趣的吸引物（Ellard，2015）。常见的步行距离是 500 米，在许多情况下这也是一个可接受的、容易管理的步行距离；但这个距离也取决于路线的品质，比如该地区是否有趣、道路状况是否良好等（Gehl，2010）。在炎热潮湿的气候下生活过的人都知道，遮阴和斜坡的存在也会影响 500 米步行距离的可接受度。环境背景至关重要。

刺激、有趣、独特、好玩而不枯燥的场所有助于提升健康与幸福，无聊或单调的环境则会损害人们的健康。20世纪90年代初，美国人创造了“去邮局”（going postal）一词，指的是当人们在像邮局一样枯燥、有压力的环境中进行重复性工作，表现出的无法控制的愤怒。当你下次去当地的邮局、医院或市政大楼时，不妨环顾四周，它的设计会让你感到快乐、平静吗？还是枯燥得使你焦虑或不耐烦？

充满活力和令人愉快的场所能让人感觉良好。通过结合植物和绿地的疗愈作用，以及对光照甚至是色彩的运用，可以创造出令人享受日常活动的地方。试想一下，如果那些沉闷的建筑有植物和垂直绿化（亲自然设计），有把新鲜的空气和阳光引进来的窗户，有引人入胜的彩绘和墙上挂的当地艺术品（场所精神），有置于适当地点的舒适座椅（可供性和个人空间），还有正在播放的悦耳音乐，感觉会有多么不同。我们难道不应该利用这些能让人舒适的设计原则，改造如牙医诊所等让人容易感受到压力的地方吗？想象一下，如果当地的医疗场所利用亲自然原则进行设计，以窗外可见的特色自然景色、垂直绿化以及落地的水族箱回应自然，那将是一种怎样的体验？

这些设计原则和理论同样适用于公共空间，比如街道。一条有树荫、人行道、自行车道、长椅和有趣建筑外墙的街道，往往被认为比没有这些要素的街道更适合步行。研究表明，具有视觉吸引点和落地橱窗（通常是零售商店或餐馆）以及其他人存在的街道被认为更具可步行性（Oreskovic et al.，2014）。尽管建筑对街道吸引力的产生很重要，但整体建筑高度对街道的可步行性没有多大影响。因此，无论是大都市的金融区，还是小城镇的主要街道，都具有适宜步行的潜力（图7.2）。

我们可以试着花点时间思考如何运用循证的理论风暴法来为自己的社区设计一条适宜步行的街道。从场所精神和场所依恋理论的视角进行设计，意味着强调该场地独特且具有价值的特征。一个流行的做法是借助墙壁涂鸦打造艺术步行街，例如澳大利亚布里斯班附近的比基斯路（Bee Gees Way）。这条70米长的纪念步行道上设置了照片、专辑封面，反映了当地居民吉布兄弟（Gibb brothers）在20世纪60年代末组建比基斯乐队（Bee Gees）的有趣故事。也有比较游戏化的做法，比如在巷弄中设置街头篮球场，或通过科技手段分享最后一名跑步者的速度，或采用互动式音乐楼梯（如在地铁和郊区购物中心看到的“钢琴楼梯”）。

图 7.2　可供步行的街道通常包括宽阔的人行区和行道树，也可以沿着繁忙的主街设置独立小径。（来源：德布拉・库欣）

从个人空间理论的视角设计街道景观，意味着要确保能用于不同个体和多种社会活动的不同空间。可供性理论则强调良好的照明条件、宽阔的人行区、清晰的标志牌（有清晰的图形和广为人知的符号），以及供人们坐下休息、观察和与他人互动的街具。这些要素能够创造一个欢迎所有使用者的美好场所，并更好地满足行动不便的老年人以及儿童的需求。瞭望－庇护和亲自然设计将最大限度地扩大视野、增加与自然的互动，既有益于健康又美观。从理论出发会是一个强有力的设计策略。

自然对健康的益处

正如第 6 章所述，亲自然本能阐释了我们对自然的内在渴望，而利用这一原理设计美好场所正是健康本源哲学的一个重要组成部分。现有的大量研究证实了当人患病或处于不健康状态时，“接近自然”和进入自然区域进行活动是能够提高健康与他们的幸福感的（Cooper Marcus and Sachs，2014）。虽然，让人们在患病之前就能接触到自然则是一种更主动的做法。

专业医护人员和组织正在鼓励人们去公园、开放空间进行锻炼，尤其是青少年，因为他们可以从自然体验中受益。相较于在其他区域玩耍，注意缺陷与多动障碍（attention deficit and hyperactivity disorder，ADHD）患者在自然中玩耍时反应更好，表现出的症状更少。相比于让患有注意缺陷多动障碍的儿童在市区散步 20 分钟，在公园中散步能让他们的注意力更为集中（Kuo and Taylor，2004；Taylor and Kuo，2009）。上述成果表明，虽然体育锻炼对许多疾病的康复都很重要，但自然体验才是提高注意力和减少压力的重要因素。

目前，已有一些研究论证了将自然体验作为健康促进干预措施的可能性。马勒（Maller）及同事对其进行了系统性的回顾，证实了观看自然场景、沉浸在自然环境中和生活地附近有自然要素给人们带来的好处。他们的结论是：“目前最重要的健康资源之一就是自然区域。在世界范围内精神疾病负担日益加重的情况下，在预防性和恢复性公共卫生战略中，与自然接触可能为应对迫在眉睫的流行病提供了一个可供、可及和公平的选择”（Maller et al.，2006：52）。这种观点在全球各地兴起的“绿色处方”中得到了实践：医生给病人开出的不是药物，而是让他们走出家门到户外运动，或在自然中活动。当然，并不是所有情况都这么积极。正如下面所讨论的，建成环境设计有时也会使户外锻炼变得困难。

体育锻炼和多样交通的可供性

有规律的体育锻炼是人们实现健康与幸福的另一重要组成部分。科学建议，成年人每周应进行 150 分钟中等强度到高强度的体育活动，而儿童和青少年每天则需要 60 分钟。这种活动不一定非要在体育馆进行。理想的情况是，建成环境的可供性可以支持这些积极的生活方式。正如范德兰和肯尼迪所阐述的，健康生活的资源必须是可用的，而且人们需要意识到并利用这些资源（Vaandrager and Kennedy，2018）。例如，试想一下，公园里为成年人设计的体育场变得越来越多，你附近是否有这样的公园，你是否使用过？为什么用或者为什么不用？通常情况下，这些体育馆的设计都很常规，既缺乏对当地环境（场所精神）的认识，也没有为代际活动提供条件。例如，父母或照看者很难一边使用器械，一边看着自己的孩子在附近玩耍。

纽约市的“健康城市”（Fit City）倡议和相关的年度会议是一个跨学科合作、促进健康与幸福的绝佳案例。纽约市健康和心理卫生局（Department of Health and Mental Hygiene）、设计与建设局（Department of Design and Construction）、交通局（Department of Transportation）和城市规划局（Department of City Planning）共同努力，制定了循证的“积极设计指南”（Center for Active Design，2010），旨在创造有利于体育锻炼的环境，为可持续性和通用可达性方面的工作提供有效补充（Lee，2012）。在像纽约这样高密度的城市地区，步行、骑行和使用其他积极的出行方式是人们积极生活方式的重要组成部分，同样也是人们在忙碌日子里能够锻炼身体的关键。为了在城市范围内提供多样的交通方式，该指南涉及了五个“D”，即密度（density）、多样性（diversity）、设计（design）、目的地的可达性（destination accessibility）和到交通站点的距离（distance to transit）。而太多城市的做法恰恰相反，给积极出行带来了障碍：缺乏步行道、人行横道和自行车道，步行和骑行基础设施缺乏连通性，步行和骑行中容易感到危险或存在危险，以及公共交通供应不足（Buehler et al.，2016）。设计师有必要在跟客户的沟通中明确要求积极且可利用的交通方式，并将我们的论点建立在循证实践和设计理论之上。

理论驱动下健康本源设计的考虑因素

本书论证了有效的设计实践要以理论为基础，且必须有研究证据的支持。设计好的健康本源空间最好采用分层次的方法来营造场所，并融入本书第一部分中强调的大部分理论（最好能全部使用）。这种综合使用的典型案例是 2014 年获得塞尔温金匠奖（Selwyn Goldsmith Award）的翻滚湾游乐场（Tumbling Bay Playground）、小木屋（Timber Lodge）咖啡馆和社区中心。该案例位于伦敦东部伊丽莎白女王奥林匹克公园（Queen Elizabeth Olympic Park）的北区，最初是为 2012 年奥运会而建。游乐场及相邻的小屋连接了室内和室外空间，采用了无障碍设计，包含无台阶通道、硬台面、无障碍厕所、感应环路和音频辅助系统；也包含了可对植物和自然系统进行感官探索的自由演替的花园以及有水和沙坑、大型攀爬网、橡胶秋千、树屋、一座桥、无障碍滑梯和乐器组成的游戏区；还有一个多信仰的祈祷室，供人们安静地冥想；整个场地内还有供步行和跑步的宽阔步道以及能体现当地特色的艺术作品。该空间在设计上具有内在的亲自然性，例如通过游戏讲述植物生命周期的故事；而提供了自然游戏和瞭望 – 庇护的空间，则有助于让孩子们将充足的想象力发挥到自然体验中，并为所有年龄、不同身体条件的人提供一个积极健康、充满乐趣的地方。

为了设计出更多这样的场所，并以健康本源设计为模板向前推进，设计师们需要认识和了解它是如何被基础理论所启发的。本章以图 7.3 所示的城市中常见的多功能步道为例，在表 7.2 中讨论了与健康本源设计相关的六个关键理论。

图 7.3　一条设计良好的多功能步道将为骑行者和行人提供足够的个人空间，还有里程标记和饮用水等设施。（来源：德布拉 · 库欣）

表 7.2 健康本源设计的理论风暴——以一条多功能步道的方案为例

关键理论	健康本源设计的考虑因素	理论视角下的多功能步道方案
瞭望 – 庇护	人们在城市环境中应感到安全、免遭伤害（庇护）。瞭望的视野对于如何理解物理和社会环境，以及如何对待发生的事情非常重要。这种理解与心理一致感是对应的。	多功能步道应：提供长椅或平台，让人们可以安全地坐下，可观察他人或只是休息；在转角和交叉口有良好的视野；提供足够的遮蔽物或庇护所，以抵御强烈的日晒和恶劣的天气；选址应能够充分利用周围景观形成良好视野。
可供性	应在整个环境中提供能够促进健康的日常活动机会，而且这些机会的提示必须清晰、容易理解。应最大限度地减少不健康行为的可供性，尤其针对可能遇到特殊障碍的弱势或边缘化人群。	步道应该足够宽阔，以满足多种活动的需要，如骑自行车、骑滑板车、滑直排轮、跑步、推婴儿车或轮椅以及步行。步道表面也应适合预期的用途。在步道上或步道沿线的醒目标志应标明所有限制行为，并结合通用符号或简单的语言传达重要的规则或安全问题。
个人空间	对个人空间的考虑很重要，应让人们感到舒适，避免细菌的传播，以及更好地避免与陌生人不必要的接触。因为城市空间容纳的人数众多，所以必须考虑到预期的人数所需要的舒适个人空间尺度。	多功能步道必须足够宽，至少可以容纳两人并行，如父母与孩子同行。骑自行车和滑板车的人往往需要更大的个人空间，因为他们的速度更快且需要平衡。这也是影响墙壁或其他垂直元素与步道距离的一个因素。
地方性 / 场所精神	吸引人的、振奋人心的、独特的场所可以避免无聊和焦虑，减少抑郁。考虑场所精神并提供有趣街道景观的场所更适宜步行，也更适宜激烈的身体活动。	设计应使用本地材料，如铺装表面、座椅、挡土墙、植被、围栏和栏杆、标志牌和雕塑。独特的地方性也应通过周围环境的框景、对历史和当代文化背景的参考以及设计主题来加强。
场所依恋	对某一公园、游乐场、体育场或运动设施有依恋的人更有可能经常使用该场所，进而促进定期锻炼。社会纽带是场所依恋的一个重要因素，它可以帮助培养社会资本和个人 / 社区的恢复力。	如果选址适宜，步道可以提供人们经常使用的便捷通道，从而使当地人对它产生依恋。咖啡馆、公园、学校和其他具有属地性的设施应与步道系统相邻，以满足社交和跨代使用。
亲自然设计	靠近自然、欣赏自然和进入城市环境中的自然区域，对心理健康和幸福非常重要。结合诸如社区花园这样的地方可以提供健康的水果、蔬菜和草药。	因为位于自然区域附近或自然区域内的步道能为人们提供从自然中获益的机会，所以通常会受到青睐。步道沿线的树木可以提供宝贵的绿荫，并作为与车行道或其他同样不兼容的用地类型的缓冲区。

何去何从？

统计数据显示，目前正有全球性的健康问题亟待解决。在人们的周围，到处都是导致不健康行为的消极场所。在城市设计的背景下，设计师需要积极主动地应对，即了解人类如何与环境互动以及在互动中如何受到环境的影响。尽管改造更新城市及空间，使其能够促进积极行为和健康生活是一个挑战，但这并非不可能。而设计师在其中必须确保自己做出的是基于循证的设计回应。

安东诺夫斯基（Antonovsky）建议我们多关注成功的案例，并找出它们成功的原因，也就是说我们可以提出假设并进行验证，用以寻找能够促进健康的原因（Becker et al.，2010）。利用这些证据，我们还可以创造为人们提供公平机会的健康本源环境，进而发展到设计能够促进人们选择健康生活方式的环境，这样的环境还能让人们规避不健康的生活方式。上述环境需要公平地提供给所有人，无论其社会经济地位、性别、年龄和能力如何。以理论为基础的思考、以证据为基础的实践，都能够帮助我们创造美好的、有益健康的场所。

参考文献

Antonovsky, A. (1996). The Salutogenic Model as a Theory to Guide Health Promotion. Health Promotion International 11(1): 11 - 18.

Becker, C., Glascoff, M. A., Felts, M. (2010). Salutogenesis 30 Years Later: Where Do We Go from Here? International Electronic Journal of Health Education 13: 25 - 32.

Buehler, R., Götschi, T., Winters, M. (2016). Moving toward Active Transportation: How Policies Can Encourage Walking and Bicycling. Retrieved from https://activelivingresearch.org/sites/activelivingresearch.org/files/ALR_Review_ActiveTransport_January2016.pdf (accessed February 19, 2019).

Center for Active Design. (2010). Active Design Guidelines: Promoting Physical Activity and Health in Design. Retrieved from https://centerforactivedesign.org/dl/guidelines.pdf

Cooper Marcus, C. and Sachs, N. (2014). The Salutogenic City. World Health Design 7(4): 18 - 25.

Ellard, C. (2015). Streets with No Game. Retrieved from https://aeon.co/magazine/culture/why-boring-cities-make-for-stressed-citizens

Eriksson, M. (2017). The Sense of Coherence in the Salutogenic Model of Health. In M. B. Mittelmark et al. (Eds.), The Handbook of Salutogenesis. Berlin: Springer, 91 – 96.

Gehl, J. (2010). Cities for People. Washington, DC: Island Press.

Golden, R. N., Gaynes, B. N., Ekstrom, R. D., et al. (2005). The Efficacy of Light Therapy in the Treatment of Mood Disorders: A Review and Meta–analysis of the Evidence. American Journal of Psychiatry 162: 656 – 662.

Golembiewski, J. (2012). Salutogenic Design: The Neural Basis for Health Promoting Environments. World Health Design Scientific Review 5(4): 62 – 68.

Griffiths, C., Ryan, P., Foster, J. (2011). Thematic Analysis of Antonovsky's Sense of Coherence Theory. Scandinavian Journal of Psychology 52: 168 – 173.

Hilmers, A., Hilmers, D. C. and Dave, J. (2012). Neighborhood Disparities in Access to Healthy Foods and Their Effects on Environmental Justice. American Journal of Public Health 102(9): 1644 – 1654.

Kuo, F. E. and Taylor, A. F. (2004). A Potential Natural Treatment for Attention– Deficit/ Hyperactivity Disorder: Evidence from a National Study. American Journal of Public Health 94(9): 1580 – 1586.

Lee, K. (2012). Developing and Implementing the Active Design Guidelines in New York City. Health and Place 18(1): 5 – 7.

Maass, R. Lillefjell, M. Espnes, A. (2016). The Application of Salutogenesis in Cities and Towns. In M. B. Mittelmark et al. (Eds.), The Handbook of Salutogenesis. Berlin: Springer, 171 – 180.

Maller, C., Townsend, M., Pryor, A., Brown, P., St Leger, L. (2006). Healthy Nature Healthy People: 'Contact with Nature' as an Upstream Health Promotion Intervention for Populations. Health Promotion International 21(1): 45 – 54.

Mazuch, R. (2017). Salutogenic and Biophilic Design as Therapeutic Approaches to Sustainable Architecture. Chichester: John Wiley.

Oreskovic, N. M., Charles, P. R., Shepherd, D. T., Nelson, K. P. and Bar, M. (2014). Attributes of Form in the Built Environment that Influence Perceived Walkability. Journal of Architectural and Planning Research 31(3): 218 – 232.

Stokols, D. (1992). Establishing and Maintaining Healthy Environments: Toward a Social Ecology of Health Promotion. American Psychologist 47(1): 6 – 22.

Taylor, A. F. and Kuo, F. E. (2009). Children with Attention Deficits Concentrate Better After Walk in the Park. Journal of Attention Disorders 12(5): 402 - 409.

Vaandrager, L. and Kennedy, L. (2018). The Application of Salutogenesis in Communities and Neighborhoods. In M. B. Mittelmark et al. (Eds.), The Handbook of Salutogenesis. Berlin: Springer, 159 - 170.

WHO. (1991). Sundsvall Statement on Supportive Environments for Health, 15 June 1991, Sweden. Retrieved from www.who.int/healthpromotion/conferences/previous/sundsvall/en/index1.html (accessed February 23, 2019).

WHO (2018). Obesity and Overweight. Retrieved from www.who.int/newsroom/fact-sheets/detail/obesity-and-overweight (accessed February 18, 2019).

WHO (2019a). Constution of WHO Principles. Retrieved from www.who.int/about/mission/en (accessed February 10, 2019).

WHO (2019b). Healthy Settings. Retrieved from www.who.int/healthy_settings/types/cities/en (accessed February 18, 2019).

Zagorsky, J. L. and Smith, P. (2017). Do Poor People Eat More Junk Food than Wealthier Americans? Retrieved from https://theconversation.com/do-poor-people-eat-more-junk-food-than-wealthier-americans-79154

8 儿童友好性设计——促进儿童和青年人茁壮成长

儿童友好性设计不仅满足儿童和年轻人的发展需求，同时也尊重他们的人权。儿童友好性设计关注儿童和青年人及其家庭，通过设计创造给予其成长支持、满足他们的需求和愿望，并能将他们的意见纳入政策和实践中的场所。最重要的是，儿童友好性设计优先考虑了儿童的天性，允许他们发挥想象力，让儿童在开心地了解世界的同时意识到自己在其中的独特作用。

你是否听说过蚊声装置？即使有，你可能也没有真正“听到”过它的声音。因为这是一种防闲音装置，也叫青少年超声波威慑器（ultrasonic teenage deterrent），其发出的高音调、高频率的声音只有儿童和青年人才能听到。其制造商的网站称，它的工作原理是制造“令人难以置信的烦到不行的蚊鸣声，让孩子们不能待在此处”（来自 www.compoundsecurity.co.uk）。

这种装置内含歧视性质，而且它最初是为监狱设计的。上述事实足以表明它不该出现在儿童和青年人友好性环境中。该装置的问题是，它在一定范围内（最大范围 35 ~ 40 米），将所有儿童和青年人都区别对待，而不仅仅是针对那些可能会造成麻烦的人。许多人认为，该装置侵犯了受《联合国儿童权利公约》（United Nations Convention on the Rights of the Child，UNCRC）保护的青少年权利（Kirk，2017）。该装置只不过是针对反社会行为的权宜之计。而如果青少年真的想做坏事，强迫他们离开一个特定的区域也是无济于事的，远远比不上给他们提供积极、健康、参与有趣活动的支持、指导或机会重要。

蚊声装置或许看起来很极端，但本章想用这个例子来说明在城市设计和规划中，考虑所有的人群，尤其是那些可能被边缘化的人群是多么重要。一个儿童友好性城市不仅仅是青少年可以玩耍、上学的地方，还能在现在以及将来他们长大成人时支持他们成长为“完整”的人。城市空间对青少年来说尤其重要，因此在设计时必须适当关注理论和最佳实践的循证研究成果。否则，在设计方案中就可能会有无法察觉的潜在歧视，特别是当设计师自己没有被边缘化的时候（这个问题将在第 9 章残障和老龄化的背景下进一步讨论）。在所有设计过程中，必须从一开始就考虑城市空间中青少年的需求和特殊考虑，让青少年直接参与设计过程往往是了解这些问题的最佳途径（图 8.1）。

本章有两个核心目的。除了概述儿童友好性城市的起源、原理和设计应用外，还利用城市公园的常见设计方案来展示将循证研究和理论风暴积极融入设计过程的价值。本章中的例子也说明了如何通过设计理论的独特视角来思考，从可供性到场所依恋，怎样有助于创造性、生成性思维和创新的设计实践。由于设计实践往往是在全球或当地政策背景下进行的，本章首先探讨了儿童友好性城

图 8.1　迈克尔・范・沃尔肯布劳事务所（Michael van Valkenburgh Associates）设计的纽约市泪滴公园（Tear Drop Park），一个孩子在与石堤巧妙结合的滑梯上玩得很开心。（来源：德布拉・库欣）

市的倡议是如何积极地改变设计实践的，以及对教育者、实践者和研究者产生了哪些影响和机遇。

儿童友好性城市的政策起源

在当今，各社区更加注重回应儿童、青少年和家庭的需要，1989 年颁布的《联合国儿童权利公约》（*Convention on the Rights of the Child*）承认青少年有权拥有一个健康生活、娱乐和工作的环境。《联合国儿童权利公约》是历史上得到最广泛认可并最迅速获得批准的公约，它规定所有儿童（18 岁及以下）都享有基本人权。南苏丹和索马里最近也批准了该公约，这使美国成为 197 个成员国中最后一个签署但未批准这一重要公约的国家（OHCHR，2019）。联合国儿童基金会驻意大利佛罗伦萨的儿童友好性城市秘书处制定了一个框架，用于定义和创建儿童友好性城市，并应对一系列儿童成长的需求（Schulze and Moneti，2007）。该框架涉及多个有关儿童成长的维度和方面，这些都受到城市环境及其中政策和实践的影响。联合国儿童基金会的儿童友好性城市倡议，认为场所理应确保所有儿童：

- 免受剥削、暴力和虐待；
- 有良好的人生开端，能够健康成长并得到关爱；
- 可享有优质的社会服务；
- 体验高品质的包容性和参与式教育并发展技能；
- 表达自己的意见，并参与对自己有影响的决定；
- 参与家庭、文化、社区和社会生活；
- 生活在安全、有保障和清洁的环境中，并能使用绿地；
- 认识朋友，有玩耍娱乐的场所；
- 在生活中享有公平的机会，不论其种族、宗教信仰、经济情况、性别如何和残障与否。

（UNICEF，日期不详）

当然，其中许多目标取决于社会政策和政府决策，但正如本书第一节所述，物理环境对实现这些目标同样重要。美国著名的城市规划师凯文·林奇（Kevin Lynch）在20世纪70年代发起了联合国教科文组织的“在城市中成长计划”（Growing Up in Cities），后来由环境心理学家路易斯·查瓦拉（Louise Chawla）重新立项。该国际项目采用了吸引人的参与式方法，如行为研究、儿童主导的访谈和徒步旅行、社区和邻里感知地图、有声照片和数字化说故事等，直接从青少年那里了解什么对他们来说最重要，并听取他们对社区的需求和愿景。

这些全球性的举措来自大量研究，这些研究从物理环境的设计、公共空间的规划、提高儿童独立行动能力、加强与自然环境的接触，以及提供更广泛的生活机会等方面支持儿童友好性城市（见 Derr et al.，2018；Derr et al.，2013；Chawla et al.，2012；Chawla，2002；Gleeson and Sipe，2006）。例如，安全性是儿童友好性城市设计的一个重点，因此，精心设计步行道和自行车道极为重要，它们能有效地连接住宅区和儿童活动场所，如公园、公共空间、学校、当地的商店和社区设施。提供融入社区的途径、独立出行和安全的户外玩耍机会，对青少年的健康与幸福也至关重要。

独立出行的重要性

青少年群体一般不开车，也没有很多可支配的钱用于打车。他们必须依靠成年人才能到达社区各处。优先考虑独立出行可供性的城市设计是儿童友好性环境的关键。城市若能提供机会让青少年能够步行、骑车或是搭乘公共交通，就能减少他们的社会隔离感以及在交通上对成年人的依赖。与大多数的可供性相同，独立出行的路径不仅必须是安全、方便、便宜和有效的，而且还必须为青少年及其父母、监护人所知。适龄儿童在其适合的距离或范围内独立出行能够帮助他们培养自信和自主能力，并在邻里街区活动中习得知识和技能（Kyttä, 2004）。这些可供性对成年人来说也很重要，因为对全球定位系统（GPS）和数字导航设备的过度依赖会让人们逐渐丧失寻路能力（Ishikawa et al.，2008）。

在拥有8万人口的西班牙中型城市庞特维德拉（Pontevedra），就采用了一个有趣的儿童友好性设计。大部分街道停车位已经被移除，市中心的街道也禁止汽车通行，这都是为了解决儿童独立出行的问题，减轻父母的压力（Velazquez，2018；Burgen，2018）。虽然汽车并没有被严格禁止，居住在城内或送货的人仍然可以开车，但城市中的汽车使用量已经减少了77%。二氧化碳排放量下降了66%，犯罪率也有所下降。这使得该地区对步行友好、对儿童友好。每天早上，80%的6至12岁儿童可以独自步行上学。事实上，他们大约25分钟就能走遍整个城市（Burgen，2018）。以前以车行交通为主的街道和城市广场对行人来说极不安全，现在却成了供孩子们玩耍的安全场所。

据估计，全球每天有500名城市中的儿童死于交通事故。鉴于此，儿童友好性城市设计、“8—80城市”（8—80 Cities）[1]和为儿童设计的街道（Streets for Kids）[2]等倡议正鼓励人们采取行动。2014年发起的“全球城市设计倡议”（Global Designing Cities Initiative）的口号是“改变街道，改变世界”。免费的在线书籍《全球街道设计指南》（*Global Street Design Guide*）不仅概述了国际上的优秀实践案例，其官网上还展示了几部描绘城市街道不同空间、速度和感官体验的短片，包括巴西的福塔莱萨（Fortaleza）、印度尼西亚的万隆（Bandung）和意大利的米兰（见 https://globaldesigningcities.org）。

通过人车共享街道创造美好场所，促进健康与幸福

其他为青少年提供安全出行空间的有趣方式包括英国的家庭区概念（home zones concept）和荷兰的庭院式道路（woonerf）。20世纪90年代末，英国首次提出家庭区概念，其中道路由专门设计的住宅街道组成，允许居民步行和骑车，并允许儿童在共享区域内玩耍（Gill, 2006）。这一概念是由道路安全倡导者发起的，重点关注儿童的安全。家庭区的灵感来自荷兰的庭院式道路概念，这是指一种给予行人等同甚至优先于汽车的重要性等级的共享街道类型，重点在于整合道

1 “8—80 城市”是2007年由吉列尔莫·佩纳洛萨（Guillermo Penalosa）在加拿大多伦多提出的一项城市倡议，旨在建设8~80岁儿童友好和老年友好性的城市社区。——译者注

2 全球设计城市倡议的最新计划“为儿童设计的街道”旨在通过儿童及其监护人的视角来审视城市。“全球城市设计倡议”是一个由美国非营利组织“国家城市交通官员协会”发起的项目。——译者注

路而不是分离道路使用者。研究表明，这种独特的设计可以减少交通事故，增加社会互动，并带来更高的居民满意度（Ben–Joseph，1995）。庭院式道路的设计要素包括：可见的入口、物理屏障、人车共享的铺装空间、景观和街道设施。图 8.2 展示了共享街道的例子。

图 8.2　上海愚园路（上）、大学路（下）街道空间。（来源：薛贞颖）

即使有公共交通、骑行和步行可供选择，安全、距离和费用也是青少年必须考虑的其他因素。城市化会影响他们的选择。例如，生活在南澳大利亚州城市地区的儿童比生活在农村地区的儿童在独立出行方面受到更多限制（MacDougall et al.，2009）。农村社区的儿童认为，几乎没有什么地方是他们不能去的，但他们往往不得不依靠公共汽车或成年人开车来参加各种活动。同样，通过对快速发展的印度尼西亚万隆市（距离首都雅加达两小时车程）的儿童进行研究，发现他们高度依赖汽车出行，特别是上学，这明显增加了早晨的车流量（Drianda et al.，2015）。想象一下，通过参与式设计和理论风暴的方法来解决这个问题，比如重新设计学校外面的街道，从而促进独立出行、保障青少年的健康与幸福。可供性视角可能会将充电器与座椅结合起来，而亲自然理论、个人空间和瞭望－庇护理论则会优先考虑与自然的互动、宽阔的道路和大量为休息和社会互动提供机会的座椅。理解研究证据和使用理论风暴，是应对儿童友好性城市和共享街道设计挑战的好方法，能够促进创造性、生成性思维，并产生深入结合当地环境背景的创新设计——这也是场所精神和场所依恋理论的精髓。

人身健康和安全

健康对儿童的现在和将来的生活品质都很重要。一般来说，儿童的身形比成年人小，敏捷度和体力不及成年人。由于他们身体内部的系统和免疫力还没有发育完全，更容易受到环境毒素和污染的危害。毒素在环境中的存在情况往往比较复杂，由于儿童喜欢乱摸东西、往嘴里放东西以及在草地上爬行或打滚，从有害环境中摄入有毒化学物质的风险更高。公园里经常会喷洒农药和除草剂，这些看不见的农药和除草剂对儿童的健康和安全构成了巨大威胁。虽然人们慢慢意识到了这些特殊的危险，但对城市环境中常见的其他低毒性物质带来的长期影响却知之甚少。由于儿童比成年人更容易受到这些危险的影响，谨慎地对待所使用和引入的材料就很关键，这一点在关于亲自然理论和可持续设计的章节中已有简要介绍。

儿童的敏感性也影响了他们在未知和有潜在风险情况下的安全。人身安全通常被认为是城市地区青少年最重要的关注点之一。他们的认知和社会意识仍在发展，这使他们具有更大的好奇心、容易轻信他人，但也因此更容易被拐骗、无法意识到潜在的危险。同样，安全感与危险意识同样重要。在美国这样的发达国家，一些危险被媒体夸大了。例如，“陌生人带来的危险”早已不像50年前那么严重，在一些地方，绑架诱拐发生率正在下降（Keohane，2010）。不管是好是坏，当读到和看到更多关于儿童被绑架或以某种方式被拐骗的例子时，我们就会把儿童安全列为首位，并产生保护性反应。这种恐惧会使父母和监护人倾向于限制儿童独立出行。

在特定国家和城市中心，重点关注人身安全和保障是合理的。在南非进行的儿童友好性城市研究发现，安全是人们最核心的关注点，这反映了当地存在严重影响儿童幸福的高犯罪率和暴力发生率（Adams et al.，2018）。为了应对现实存在及感知到的危险，许多小型城市游乐场（例如在纽约市）现在已经划定了“儿童专属游乐场”，并设标志限制成年人进入，只允许那些陪伴12岁及以下儿童的成年人进入（Kozlowski，2015：1）。虽然这种行为可以防止儿童被拐骗或出现意外，但也阻碍了无害的、可以建立人与人之间理解和联系的代际交往。讽刺的是，在大多数国家对于种族或性别的公然隔离已经被逐渐消除了，但对年龄的隔离却仍然存在。从个人空间理论或从瞭望–庇护的角度重新思考设计实践，可能会使我们能够制定出更适当的对策。鉴于人口快速老龄化问题，人们对跨代际交往公园的设计非常感兴趣，这将在下一章中讨论。利用场所依恋来指导产生回忆的活动，把孙子孙女和祖父母聚集在一起，也是用理论来思考如何促进儿童友好性城市设计的具体示例。

通过城市设计支持儿童健康发展

根据青少年的年龄和特殊需求，在接触日常环境时，他们的身体、社会的意识和认知都在发展。他们的大部分时间是在独处或有组织的场所中度过的，如学校、托儿所和家庭，成年人认为这些地方可以很好地管理儿童且有益于其发展需求（de Visscher and Bouverne-de Bie，2008）。然而，城市公共空间通常不会以满足儿童和青少年需求的方式进行设计，也无法被视为能帮助儿童探索、独立和发展技能的场所（Arlinkasari and Cushing，2018），但这些发展机会其实对他们的成长至关重要。联合国儿童基金会已将儿童的健康发展作为儿童友好性城市的一个指标进行推广（UNICEF，2009）。

城市空间可以设计得好玩、有吸引力，以此鼓励青少年身体力行地探索周围的环境，这对年幼的儿童来说尤其重要。城市设计的战略应该认识到，青少年的体型和力量与成年人有所不同。因此，为所有年龄段的人设计的空间，以及为青少年设计的空间，都应该提供视觉上的吸引点和较矮的座位，并避免去阻挡儿童视线的要素。儿童需要有趣的元素，以鼓励跳跃、攀爬、平衡、摆动和其他运动的进行，来帮助他们发展敏捷度和运动技能。当场地中提供排列在地面上的大型格子时，儿童很自然地倾向于从一个格子跳到另一个格子，进行激烈的体力活动，并从中获得快乐与活力感（Prieske et al.，2015）。户外瑜伽、训练营和跑酷的流行表明成年人实际上也会享受这种感觉。

通过理论风暴的过程，设计师应该设计出可以提供创造性游戏、体力活动、社会互动和认知发展机会的场所。我们可以回忆一下前言中谈到的巨型户外棋盘的案例。这类空间通过简单地提供玩要、探索和参与的空间来进行正式或非正式的教育，帮助儿童了解世界和他们的社区。对植物、动物和自然系统的学习，以及在大自然中有过的重要经历，都有助于促进他们形成环保行为。在面对重大的气候变化影响时（将在第10章中讨论），我们比以往任何时候都更加需要青少年去拥抱自然环境、去了解为什么要保护环境以及如何保护环境。

青少年需要发展社交技能，学习如何与其他人在社区中共同生活。在城市公共场所，更重要的则是让他们在感到融入和舒适的同时，也感到安全。通过观看与互动，青少年能够学习、了解不同的文化和人。设计接纳和欣赏来自不同背景的人的多元文化空间，可以促使人们互相交流，并学习以新的方式看待这个世界。在农贸市场、节庆活动、城市广场和公园等场所提供社会参与的机会，可以鼓励青少年结交朋友，认识与他们相似或不同的人。这些能使青少年了解社会规范并发展社交技能，并这有助于他们成为能为社区作出贡献的成员。

将游戏纳入建成环境中，还可以为青少年提供了解当地文化或社区历史的机会。作为儿童友好性城市倡议的一部分，印尼政府在2015年建立了一系列儿童友好性综合公共空间（Child-Friendly Integrated Public Spaces，RPTRA），以此作为社区公园或社区活动中心（Caninski and Arlinkasari，2017）。这些中心的管理者和工作人员设计了早在技术设备出现之前就开始玩的一些传统游戏，鼓励当地儿童互相关注并合作，让他们在学习社交技能的同时也能获得乐趣。

游戏的重要性

游戏是童年生活的重要组成部分。无论是想象扮演的游戏、体力运动游戏（如捉迷藏），还是具有教育性的游戏（如拼图和寻宝），都帮助儿童在环境中学习并成长。城市环境一般通过划定游乐场或游戏空间提供儿童游戏的机会。在高密度城市社区中，户外游戏场所常被青少年视为最重要的环境，包括普通游戏区、公园或绿地（Min and Lee，2006）。一项南非的研究发现，自然空间是绝大多数儿童最喜欢的地方（Adams et al.，2018）。同样，印度尼西亚的研究也表明，学校旁边的自然区域提供了让青少年进行户外游戏、发展社交技能的宝贵机会（Drianda et al.，2015）。

很多时候，游戏被认为只与儿童有关。然而新的研究表明，游戏对成年人的健康与幸福也很重要。世界卫生组织提倡把游戏作为一种促进所有人进行体力活动、提升健康水平的方式（Donoff and Bridgman，2017；WHO，2014）。游戏因包含了乐趣和享受的要素，比做俯卧撑或去体育馆更有吸引力。如果设计师能在设计时明确考虑到游戏的机会，将有助于让所有人都活跃起来并促进他们产生社会联系。越来越多的研究、政策和设计倡议都强调了创造“可游戏的城市”的价值，这种城市空间可以吸引所有年龄段的人，例如使用科技（如游戏《精灵宝可梦 Go》）将运动和基于场所的活动游戏化。

冒险游戏也迎来了某种形式的复兴，一部分原因是为了应对父母过度保护的和所谓的“包在泡沫里的一代”（bubble-wrap generation，Malone，2007：513）。青少年需要机会来测试自身能力，并认识到自己的优势和局限性。在公园中为他们提供“安全”的机会，同时增强他们的体力、敏捷度和空间意识，这一点越来越受到设计师和地方政府的广泛认可。

探险游乐场就是其中的一种方式。英国等国家通过这种方式为青少年提供能自由创造、建造、探索的机会，甚至允许他们对发现的物品、废弃的材料和工具搞点破坏（Kozlovsky，2007）。丹麦景观建筑师卡尔·西奥多·索伦森（Carl Theodor Sørensen）与学校教师汉斯（Hans Dragehjelm）共同开创了第一个“垃圾游乐场”，后者在观察中发现儿童并不在成年人划定的游乐场地玩要，他们更喜欢建筑工地和第二次世界大战后留下的场地。这些创新但有点争议的空间使儿童“成为他们自己游戏的建筑师和主人”（见 Adventureplay.org.uk）。这一观点被认为是对传统游戏场及工业制造的游戏装置的批判（Kozlovsky，2007）。这样的探险空间使青少年能够测试出自己的极限、挑战自己，从而学习和成长。探险游戏场的工作人员则在需要时提供协助和指导，以此保证一定程度的安全。这是为了让父母或监护人放心，也是为了保护儿童。

冒险游戏的另一个例子可以在一些游戏空间中看到，这些空间中包含了具有高差的、坚硬的表面、边缘和其他提供身体挑战或轻微风险的要素。研究表明，儿童不仅对他们能够完成的活动感兴趣，偶尔也会被那些有更多风险的活动所吸引（Prieske et al.，2015），这也为冒险游戏能够带来不同运动技能的挑战提供了支撑。如澳大利亚布里斯班最近建造的颇有争议的弗鲁公园（Frew Park），这个屡获殊荣的公园提供了包括多个高大的可攀爬构筑和滑梯的“冒险”游戏。通过在城市空间提供选择，青少年可以根据自己的发展阶段进行游戏，进而慢慢推动自己的成长，并建立起对自身能力的自信。

游戏不应局限于具有这些特定用途的区域。一座充满乐趣的城市需要在不同情境下为儿童提供游戏机会，而不仅仅是在指定的区域。阿德里安·沃克提出了十种方法来创造游戏性城市，以吸引青少年并帮助他们发展健康的体魄、健全的社会意识及认知（Adrian Voce，2018）：

1. 创造不被汽车支配的城市街道；

2. 优先考虑住房开发中的开放空间，并嵌入游戏功能；

3. 创造公共游乐场所，将其整合到宜居的、有利于代际交流的景观中，避免总是用安全材料和设施围起来的游乐场所；

4. 允许未规划的空间随着社区的使用而发展；

5. 建造传统的冒险游乐场；

6. 创造为所有人设计的公园，包括青少年；

7. 通过为儿童托管服务配备合格的游戏工作人员，而不是教学助理，使儿童托管服务实现真正对儿童友好；

8. 欢迎儿童进入公共空间，禁止使用防闲逛的蚊声设备，并重新考虑如何定义和处理反社会行为；

9. 开放学校场地以供居民玩耍；

10. 开发通往学校、公园和游戏场所的安全路线，使青少年能够独立出行。

刺激感官的设计

人们用感官来理解环境。当感官受到刺激时，我们体验和对物理环境的欣赏能力就会增强（Clements-Croome，2011）。这种感官刺激对于儿童来说尤其明显，因为这通常是他们第一次体验成人习以为常的事物。设计提供多感官体验的丰富城市环境，能鼓励儿童发展和学习，并可提供他们除视觉外的听觉、味觉、嗅觉和触觉的探索机会。刺激感官的设计可以激发儿童的好奇心。

澳大利亚的七感基金会（7 Senses Foundation，见 www.7senses.org.au）等组织提倡独特的城市设计方案，这些方案不仅具有吸引力和趣味性，而且还利用感官设计来回应不同青少年的能力和需求。除了传统的五感之外，该基金会还提倡前庭感（vestibular sense），这是一种涉及身体平衡感、姿势和方向的感觉；以及本体感（proprioception），即我们如何感知身体各部分的位置和运动。在感官设计中包含运动是很重要的，因为这关乎到我们感知空间的方式和与物质环境互动的复杂性（Degen and Rose，2012）。请注意，许多创造性的儿童活动场所设计都表明了对设计理论的重点关注，例如，针对不同年龄和能力的可供性。

刺激感官的城市空间也能引发人们对场所的记忆和依恋。每当在一个大城市里闻到夏天雨后蒸腾的混凝土味时，我就会想起19岁时在曼哈顿度过的那个夏天。这种味道很浓烈，很独特，马上就会使我联想到去过的地方和那个夏天的经历。气味、味道和声音可以唤起过去的经历，因此对我们来说非常有意义。香水、鲜花、食物烹调和其他令人愉悦的气味也可以为环境增添另一层趣味，并提供一种理解城市领域复杂性的方法。西方社会通常会将他们认为是不好的气味稀释或去除，使用空气清新剂、除臭剂和其他香味来掩盖室内外环境中的气味（Xiao et al.，2018）。但是，如果一个场所的气味和其他感官属性对人们的体验至关重要，并能够使人们发展联系感，那么就有必要保留并加以关注。因此，为儿童创造美好场所也需要在城市空间内融入多层次的感官体验机会。例如，使用“城市气味景观香气轮”收集城市的气味，或是创建“城市气味地图”，通过该地图记录和标记各种气味（Swanson，2015）等。进一步的举措可能包括嗅觉漫步，借鉴场所依恋理论关注触发重要记忆的气味，而可供性理论则会重点关注与城市不同气味相关的活动。

理论为儿童友好性城市设计提供参考

由于本书的一个主要目的是确定理论和研究结果如何作用于有意义的设计，以及应该如何应用，表8.1描述了第一节中的六种理论在儿童友好性设计中的重要性。通过一个城市公园的案例，我们概述了如何利用这些理论来创建一个有效的、考虑周到的设计（图8.3）。

表 8.1　用设计理论创造儿童友好性空间——以一个城市公园的方案为例

关键理论	儿童友好性设计的考虑因素	理论视角下的城市公园方案
可供性	可供性的提示应考虑儿童在身高、体型和认知能力方面的具体特征。由于青少年在身体、情感、社会和认知方面仍处于发展阶段，发展性的可供性对他们来说至关重要。	公园的标志牌应使用简单的语言和符号向年轻人传达规则。进入自然区域可以学习和探索乡土植物、野生动物。在公园内为多代人提供共同参与活动的机会，可以帮助建立社会纽带，使公园之旅变得特别。
瞭望 – 庇护	家长和看护人应能在公共场所看到幼儿（良好的瞭望），并能看到接近的人或潜在的危险，如自行车和滑板车。幼儿喜欢建造堡垒或小的围合空间（庇护），他们可以隐藏在其中(或有被隐藏的感觉)，但也能偷看外面。	人工建造的或自然形成的山丘可使父母或看护人看到儿童玩耍。攀爬塔楼和树屋可以让儿童既有机会感受到庇护，同时又可以看到某个区域的景色。
个人空间	不同文化背景下，个人空间是不同的，这是一个公认的概念。儿童需要理解这一概念，这样他们才能尊重他人的个人空间。幼儿的个人空间泡泡很小，因为他们经常被人抱着或背着。重要的是，应让他们拥有自己感觉舒适的空间，并可以近距离与人交流。	舒适的空间或桌椅可以让儿童与其玩伴近距离接触，让他们享受较小的个人空间泡泡。公园可以提供专门为儿童设计的空间，包括小房子、帐篷、小屋、洞穴、矮通道和其他私密空间，在此可以与成年人分开但仍然保证儿童安全。
地方性 / 场所精神	发扬各地的特质和独特文化，使儿童有机会了解世界及其场所的所在。千篇一律的场所是无趣的，会导致儿童感到无聊和缺乏参与感。	以特殊主题设计的公园，可以使学习特殊历史和文化的过程变得有趣和吸引人。还可以使一个场所令人难忘，从而吸引更多的游客。
场所依恋	青少年通过社会联系与场所建立特殊的情感纽带。场所依恋通常会带来对一个场所关心和保护的愿望，这反过来又能帮助维护重要的城市景观。	培养儿童对公园的依恋，可以鼓励他们经常使用公园，让他们花更多的时间在户外进行体力活动。而当儿童对一个场所产生特殊的感情时，他们可能会更倾向于关心和保护它。
亲自然设计	儿童，尤其是患注意缺陷与多动障碍的儿童，在自然空间中可以更好地缓解压力和焦虑。植物和野生动物栖息地可以通过光影、颜色、气味、味道、声音、质地和形状来增强儿童对场所的感官体验。	公园里的树丛可以提供一个理想的场所，可供儿童玩捉迷藏、爬山、摘果子、坐在树荫下野餐、看昆虫、听鸟叫或摸鸟蛋。在城市公园的环境中探索自然是一种安全、方便的方式，让儿童通过接触了解自然。

图 8.3　儿童友好性城市公园应当拥有场所精神，为儿童提供锻炼能力的机会，为家长或其他看护者提供看护儿童的有利位置，让儿童无忧无虑地玩耍。（来源：德布拉·库欣）

推进儿童友好性设计

创建儿童友好性城市是一项复杂的、多方面的任务。与所有设计过程一样，它需要囊括来自多个学科、组织的利益相关者，以及儿童、父母、祖父母和看护者等多种声音。从理论上看，通过研究所有利益相关者的不同需求和愿景，可以为青少年创造更好的场所。最重要的是，设计师应该从儿童那里得到启发，创造出能激发他们想象力、促进他们好奇心和探索、培养他们对周围世界兴奋和喜悦的美好场所。让我们用证据和理论来创造美好的场所，使儿童和青少年能够茁壮成长。

参考文献

Adams, S., Savahl, S., Florence, M. and Jackson, K. (2018). Considering the Natural Environment in the Creation of Child-Friendly Cities: Implications for Children's Subjective Well-being. Child Indicators Research 12(2): 545 - 567.

Arlinkasari, F. and Cushing, D. F. (2018). Developmental-Affordances: An Approach to Designing Child-Friendly Environments. Annual Conference on Social Sciences and Humanities (ANCOSH 2018), Malang, Indonesia, April 24.

Ben-Joseph, E. (1995). Changing the Residential Street Scene: Adapting the Shared Street (Woonerf) Concept to the Suburban Environment. Journal of the American Planning Association 61(4): 504 - 515.

Birch, J., Parnell, R., Patsarika, M. and Sorn, M. (2017). Participating Together: Dialogic Space for Children and Architects in the Design Process. Journal of Children's Geographies 15(2): 224 - 236.

Burgen, S. (2018). 'For Me, This is Paradise': Life in the Spanish City that Banned Cars. The Guardian (September 18, 2018). Retrieved from www.theguardian. com/cities/2018/sep/18/paradise-life-spanish-city-banned-cars-pontevedra

Caninsti, R. and Arlinkasari, F. (2017). Children Talk About City Park: Qualitative Study of Children's Place Attachment to City Park in Jakarta. In The First Southeast Asia Regional Conference of Psychology: Human Well-being and Sustainable Development. Hanoi: Vietnam

National University Publisher, 428 - 438.

Chawla, L. (2002). Growing Up in an Urbanising World. London: Earthscan.

Chawla, L., Cushing, D. F., Malinin, L., Pevec, I., van Vliet, W. and Zuniga, K. D. (2012). Children and the Environment. Oxford: Oxford University Press.

Clements-Croome, D. (2011). The Interaction between the Physical Environment and People. In S. A. Abdul-Wahab (Ed.), Sick Building Syndrome. Berlin: Springer, 239 - 259.

Degen, M. and Rose, G. (2012). The Sensory Experiencing of Urban Design: The Role of Walking and Perceptual Memory. Urban Studies 49(15): 3271 - 3287.

De Visscher, S. and Bouverne-de Bie, M. (2008). Recognizing Urban Public Space as a Co-Educator: Children's Socialization in Ghent. International Journal of Urban and Regional Research 32(3): 604 - 616.

Derr, V., Chawla, L. Mintzer, M. Cushing, D. F. and van Vliet, W. (2013). A City for all Citizens: Integrating Children and Youth from Marginalised Populations into City Planning. Buildings 3(3): 482 - 505.

Derr, V., Chawla, L. and Mintzer, M. (2018). Placemaking with Children and Youth: Participatory Practices for Planning with Children and Youth. New York: New Village Press.

Donoff, G. and Bridgman, R. (2017). The Playful City: Constructing a Typology for Urban Design Interventions. International Journal of Play 6(3): 294 - 307.

Drianda, R., Kinoshita, I. and Said, I. (2015). The Impact of Bandung City's Rapid Development on Children's Independent Mobility and Access to Friendly Play Environments. Children and Society, 29: 637 - 650.

Gill, T. (2006). Home Zones in the UK: History, Policy and Impact on Children and Youth. Children, Youth and Environments 16(1): 90 - 103.

Gleeson, B. and Sipe, N. (2006). Creating Child Friendly Cities: Reinstating Kids in the City. New York: Routledge.

Ishikawa, T., Fujiiwara, H., Imai, O. and Okabe, A. (2008). Wayfinding with a GPS-Based Mobile Navigation System: A Comparison with Maps and Direct Experience. Journal of Environmental Psychology 28(1): 74 - 82.

Keohane, J. (2010). Joe Keohane: The Crime Wave in Our Heads. Retrieved from www.dallasnews.com/opinion/commentary/2010/03/26/Joe-Keohane-The-crime-wave-762

Kirk, T. (2017). The Use of sonic 'Anti–Loitering' Devices is Breaching Teenagers' Human Rights. Retrieved from https://theconversation.com/the–use–of–sonic–anti–loitering–devices–is–breaching–teenagers–human–rights–81965

Kozlovsky, R. (2007). Adventure Playgrounds and Postwar Reconstruction. In M. Gutman and N. de Coninck–Smith (Eds.), Designing Modern Childhoods: History, Space, and the Material Culture of Children; An International Reader. New Brunswick, NJ: Rutgers University Press, 171 – 190.

Kozlowski, J. (2015). Park Playground Ban on Adults Unaccompanied by Children. Retrieved from www.nrpa.org/parks–recreation–magazine/2015/march/park–playground–ban–on–adults–unaccompanied–by–children (accessed February 8, 2019).

Kyttä, M. (2004). The Extent of Children's Independent Mobility and the Number of Actualized Affordances as Criteria for Child–Friendly Environments. Journal of Environmental Psychology 24(2): 179 – 198.

MacDougall, C., Schiller, W. and Darbyshire, P. (2009). What Are Our Boundaries and Where Can We Play? Perspectives from Eight–to Ten–Year–Old Australian Metropolitan and Rural Children. Early Child Development and Care 179(2): 189 – 204.

Malone, K. (2007) The Bubble–Wrap Generation: Children Growing Up in Walled Gardens, Environmental Education Research 13(4): 513 – 527.

Min, B. and Lee, J. (2006). Children's Neighborhood Place as a Psychological and Behavioral Domain. Journal of Envrionmental Psychology 26(1): 51 – 71.

OHCHR. (2019). Status of Ratification Interactive Dashboard. Retrieved from http://indicators.ohchr.org (accessed February 8, 2019).

Prieske, B., Withagen, R., Smith, J. and Zaal, F. (2015). Affordances in a Simple Playscape: Are Children Attracted to Challenging Affordances? Journal of Environmental Psychology 41: 101 – 111.

Schulze, S. and Moneti, F. (2007). The Child–Friendly Cities Initiative. Proceedings of the Institution of Civil Engineers – Municipal Engineers 160(2): 77 – 81.

UNICEF. (undated). What is a Child–Friendly City? Retrieved from https://childfriendlycities.org/what–is–a–child–friendly–city

UNICEF. (2009). Child Friendly Cities Promoted by UNICEF National Committees and Country Offices. Retrieved from www.unicef.de/blob/23350/110a3c40ae4874fd9cc452653821ff58/fact–

sheet—child-friendly-cities—data.pdf on 17 Feb, 2019.

Velazquez, J. (2018). What Happens to Kid Culture When You Close the Streets to Cars. Retrieved from www.citylab.com/design/2018/11/car-free-pedestriani zation-made-pontevedra-spain-kid-friendly/576268/

Voce, A. (2018). 10 Features of the Playful City. Retrieved from www.childinthecity.org/2018/01/17/10-features-of-the-playful-city

WHO. (2014). Physical Activity and Older Adults: Global Strategy on Diet, Physical Activity and Health. Retrieved from www.who.int/dietphysicalactivity/factsheet_olderadults/en

Xiao, J., Tair, M. and Kang, J. (2018). A Perceptual Model of Smellscape Pleasantness. Cities 76: 105 - 115.

9 老年友好、包容性设计——为所有人而设计

老年友好和包容性设计是一个为不同人群思考和设计的过程。老年友好和包容性设计也被描述为“通用设计”或“全民设计”，其目的是创造出让所有人都能最大限度地进入、理解和使用的空间、建筑、服务、产品和环境，无论其年龄、体型、文化背景如何以及是否残障。

本章讨论了老年友好和包容性设计实践的重要性和价值，以便为每个人创造更好的场所。世界卫生组织估计，超过10亿人（约占世界人口的15%）带有某种形式的残障。残障的定义和范围很广，从行动、视力、认知或听力方面的功能限制，到感官障碍、精神疾病和后天性脑损伤，以及关节炎、中风或痴呆等，也包括因事故、疾病、怀孕或其他情况导致的变化。残障可以是永久性的，也可以是暂时性的。

对残障的刻板印象通常主要集中在轮椅使用者、盲人或聋哑人身上。然而，残障人士是多种多样的，在残障类型、年龄、种族、性别、性取向和社会经济地位等方面存在诸多差异。残障是一种普遍的经历，并不是只发生在少数人身上的事情。残障包括出生时患有脑瘫的儿童、车祸后瘫痪的少年、因地雷而失去腿的年轻士兵、患有自闭症的医生和患有严重关节炎的老人等。如表9.1所示，几乎每个人都会在人生的某个阶段经历暂时或永久的残障。而正是我们的社会，以及社会文化的信仰、制度、结构和物理环境，比任何具体的生理特征更容易“致人残障”：

> 如果我生活在一个坐在轮椅上并不比戴眼镜更引人注目的社会，如果社区完全可以接纳和可达，那么我的残障只是不方便，仅此而已。是社会给我造成了障碍，比我患脊柱破裂这个事实严重得多，也彻底得多。
>
> （NPDCC，2009：12）

残障人士和人权活动人士对传统残障的“医学模式”提出了挑战（传统上将残障定位为悲剧或医学问题），而主张残障的“社会模式”——是社会原因使人成为残障人士，而非其身体或思想。杰克逊解释说，这种方法有目的地将责任“从个人（被治愈）到社会（消除造成残障的障碍）”转移（Jackson，2018）。阻碍一个人独立进入建筑物的不是无法行走，而是无法使用的楼梯；阻止人们去买生活必需品的也不是患有痴呆或自闭症谱系障碍，而是指示标识不清、商店布局混乱，以及缺乏安静、平和、无感官刺激的休息处；盲人很难在繁忙的城市街道上穿行，更不是因为视觉障碍，而是因为缺乏连续的盲道。残障的社会模式试图改变周围的环境，而不是人本身 –。正如洛伊斯・基思（Lois Keith）所解释的那样。

> 整天做残障人士是一个很累的过程。我不是说因为身体有障碍而觉得累，就我自己而言，我不能走路。像大多数残障人士一样，我可以处理这个问题。我的意思是，每天要花相当多的时间来面对因既有设计而排斥我的物理世界，而且更累人的是，还要面对其他人对我的成见和误解。
>
> （Keith，1996：71）

除了强调通用设计实践的重要性之外，本章还说明了如何运用六大核心设计理论中的每一个来支持老年友好和包容性场所的创建。本章结尾的表 9.2 以一个公交候车亭的设计为例，展示了如何系统地结合理论（即理论风暴）去重新建立与特殊群体的交流，并对不同且具有创造性的老年友好和包容性设计理念进行延伸考虑。本章首先说明为什么要优先考虑老年友好和包容性设计思维，并概述全球的政策和设计倡议，以及老年人或残障人士的生活体验。

从拒之门外到包容性设计

残障人士的意见不断提醒我们，创造一个有利于他们的建成环境的权力掌握在决策者和设计师手中。例如，不妨阅读一下最近提交给澳大利亚政府的对残障问题的审查报告。这篇题为“拒之门外”（SHUT OUT）的报告中，几乎三分之一的意见书都强调了糟糕的设计是如何将残障人士排除在许多理所当然的体验之外——因为场地没有无障碍设施，因此不能参加孩子的年终芭蕾舞会；或与朋友聚餐；还有诸如无障碍卫生间的缺乏、电梯没有盲文标识、狭窄的门口、不平整的表面和不清晰的标识等，所有这些设计都使残障人士的日常生活体验变得非常艰难，也使其感到恐惧和孤立。其中有一份材料中的访谈内容提到："我不指望能去金字塔或乌鲁鲁岩，但我想进入所有的图书馆和社区中心。"

这个世界难以接近，环境中存在着促进与阻碍参与的要素。生活在美国南卡罗来纳州查尔斯顿的脊髓损伤患者（Newman and SCI Photovoice Participants，2010）与澳大利亚布里斯班年老体衰的住家老人（Miller，2019）都认为台阶是限制了他们与朋友共进晚餐的障碍，也阻止了一位使用助行器的 92 岁体弱老人对支持服务的使用。无障碍的大型公共浴室虽然很重要，然而在家庭环境中为残障人士进行改造往往是昂贵的。一位家庭照看者解释说，她的婆婆由于关节炎，双手僵硬，无法轻松转动门把手，在能换得起新的之前，他们临时加了一根橡皮筋以提供额外的抓力。尽管这些情景来自不同的国家，但它们却凸显了一个普遍的问题：虽然几十年来人们已经有了意识、法律和宣传，但我们仍然不处在一个包容残障人士的社会。正如一位美国的残障人士所说：

> 这根本就不是什么台阶的问题。在这些台阶上有一家酒吧 / 餐厅，也是我的许多同事喜欢去的地方。我为什么要拍这些台阶？我的意思是，我知道你已经看到了台阶，虽然真的是很不错的砖台阶，似乎也没有什么特别的。但它们确实很特别！这些台阶让我的同事们可以进行社交互动。这些台阶能让我听到他们的私人笑话和谈话。这些台阶为我提供了与朋友互动的机会。这些台阶让我停下了脚步。没有坡道，这些台阶就会是我的敌人。
>
> （Newman and SCI Photovoice Participants, 2010）

尽管多年来残障人士运动、国家建筑法规以及包括联合国第三届世界人居大会（United Nations Habitat Ⅲ）和新城市议程（New Urban Agenda）在内的全球政策都在倡议考虑残障人士的需求，当代许多城市仍然无法为残障人士所用[①]，也并不具有包容性。这些倡议强调，无障碍环境不仅能使残障人士受益，也为广大人群带来了更多的好处。例如，路缘石开口应对推婴儿车的父母和步行的老人友好；浅显易懂的信息应对受教育程度较低的人、儿童和讲外语的人都友好；公共交通站点的广播应对不熟悉路线的游客和视觉障碍人士都很友好。显然，拥有包容性和通用性才是以使用者为中心的良好设计实践。正如乔斯·博伊斯（Jos Boys）在2014年出版的《以不同方式处理残障问题》（*Doing Disability Differently*）一书中所说，不要再把残障当作事后的想法，而应该把残障人士和有残障的身体作为设计过程的中心，而不是顺带考虑的方面。只有通过重新思考残障问题，才能从根本上为真正创新性和包容性的场所创造契机。

通过设计工具、原则和流程进行包容性设计

许多设计工具、原则和流程可以帮助设计师们创造出更具包容性和无障碍的社区，并为不同条件的人提供不同的设计。通用设计的七项原则（*Seven Principles of Universal Design*）就是一个很好的开始。下面列出的这些原则，可用于指导设计师衡量和评估自己的设计是否能被尽可能多的人使用。来自北卡罗来纳州立大学的建筑师罗纳德·梅斯（Ronald Mace，1941–1998）提出了通用设计（universal design）这个说法，它是从无障碍设计、无障碍运动和适应性/辅助性技术等概念中产生的。通用设计并不是为了满足不同人群的独特需求而进行特殊改造，而是一种为残障人士和非残障人士打造本身无障碍的和更好的建筑、产品和环境的包容性方法。一个经典的城市设计案例是下沉式路缘。路缘切口对于坐轮椅的人来说是必不可少的，现在已经成为建成环境中一个无处不在、造福所有人的必要特征。下沉式路缘由塞尔温·戈德史密斯（Selwyn Goldsmith）提出，他最先提倡残障人士需无障碍通行，也是开创性的《为残障人士设计》（*Designing for the Disabled*，1963）一书的作者。另一个通用设计的例子是建筑入口处的自动门，使所有顾客都能以同样的方式进入；最近，也有人主张放慢自动门关闭的速度，“使场所的节奏更具包容性”，以满足有精神健康问题或感官障碍人群的需求（Söderström，2017：70）。

- 原则1 公平使用：设计对不同能力的人都是有用且可以市场化的；
- 原则2 灵活使用：设计能适应不同的个人偏好和能力的产品；

- 原则 3　直观使用：无论个人的经验、知识、语言能力或专注程度如何，设计都应是易于理解的；
- 原则 4　信息可感知：无论环境条件或个人的感官能力如何，设计都能有效地传达必要信息；
- 原则 5　容错：设计能最大限度地减少危险和意外所带来的不良后果；
- 原则 6　省力使用：设计能有效和舒适地使用，并尽量减少疲劳；
- 原则 7　尺度和空间易于使用：无论个人的体型、身形或行动能力如何，设计都应提供适当的尺寸和空间，以便于进入、接触、操作和使用。

虽然一系列的建筑规范、规则和无障碍条例仍然指导着当前的实践，但包容性设计实践提供了一种思维方式的转变。传统意义的设计是针对均质化的理想使用者，这是由文艺复兴时期维特鲁威（Vitruvius）提出的一种晦涩的人类原型，即身材匀称、完美的人。相比之下，包容性设计的思路意味着容纳现实生活场景中各种各样真实的人。然而，由于通用设计更多关注行动不便的人，而不是广泛的认知和感官障碍者，因而时常受到抨击。表 9.1 中例举的一系列代表性角色可以很好地提醒我们为所有不同情况的人而设计。这些角色由新西兰《奥克兰设计手册》（Auckland Design Manual）团队与通用设计论坛（来自一系列残障组织的通用设计倡导者团体）共同提出，强调了可供性概念中的线索如何对人们使用城市空间产生重大影响。

场所的力量也体现在印度脊髓损伤患者的案例上。由于路况限制而行动不便，他们到达火车站台需要跨过铁轨，还要时刻担心轮子卡在铁轨上的情况；正如他们所感叹的那样，“即使是坡道也不能让我走下来——现在我需要翅膀”（Newman, Qanungo and Singh，2018）。很多时候，正如许多设计研究者论证的那样，当代城市设计实践对残障人士或老年人并不友好，此类设计并没有进行通用设计，不是“感官敏感的”，也没有从本质上考虑包容性。“人们的身体能力和建筑形式之间经常会产生矛盾”（Imrie and Kullman，2017：7），设计很少从关怀的角度进行教学或实践（Fry，2010）。而正如我们在本书中所论证的，循证设计理论必须更有力地整合到设计实践中。

表 9.1　通用设计、包容性的设计让每个人都受益

人们所需要的	
使用拐杖的人： 防滑的地面 畅通无阻的人行道 带扶手的休息座椅 较缓的坡度 无台阶的入口 宽大的自动门 足够转身的空间 无障碍浴室	救护人员： 宽阔的走廊 可容纳担架的电梯 宽大的自动门 有下沉式路缘的紧急车辆停车场。 防滑的地面 较缓的坡度 无台阶的入口
游客： 标识有主要目的地的清晰的地图 象形图案和翻译的信息 方向标识 容易找到的无障碍厕所 清晰的公共交通信息 座位，尤其是在公共场所旁的车站	老年人： 防滑、宽阔、平整的人行道 有扶手和靠背的座椅，按一定间隔设置 均匀且充足的照明 方向标识 坡道和楼梯上的双重扶手 清晰易读的标志牌 便于寻路的良好视野 自动或容易打开的门
带着婴幼儿的成年人： 家庭浴室、更衣设施 适合儿童的厕所、洗手盆和干手器 用于哺乳的空间 防滑且平整的人行道 为所有年龄和身体条件儿童设置的游戏区 儿童饮水机	低视力人士： 平坦、宽阔、无障碍的人行道 街道设施和人行道强烈的色调对比 纹理和颜色的对比，提供路径引导 提供警告或寻路信息的听觉或触觉指示器 带有适当色彩对比的清晰标识

（来源：德布拉·库欣，改编自《奥克兰设计手册》）

为什么必须为老年人设计

人口老龄化意味着残障的人数预计也会相应增加。到 2020 年，人类历史上老年人的数量将首次超过儿童。到 2050 年，老年人将占全球人口的 15.6%，而幼儿（5 岁以下）将占 7.2%。联合国的数据预测，到 2050 年，老年人（60 岁及以上）的人数将增加一倍（达到 21 亿），到 2100 年将增加两倍（达到 31 亿）。英联邦公民在年满 100 周岁时，可以收到英国女王伊丽莎白二世女王发来的生

日贺卡，这有力地展现了此类人口的量级变化。在澳大利亚，目前有2500名百岁老人收到了贺卡；到2050年，每年将有近2万名澳大利亚百岁老人会收到生日贺卡。在英国，目前已有超过1.4万名英国人年龄在100岁以上。这在过去的三十年里增加了350%，女王的“生日贺卡”团队规模也从一个人增加到七个人。

我们的建成环境必须应对这一人口结构的变化。对城市形态的规划、设计和改造，会对老年人的行动能力、独立性、融入性和生活品质产生重大影响。世卫组织认为这是一项全球责任，并确定了老年友好性城市的八个关键领域：户外空间与建筑、交通、住房、社会参与、社会尊重与包容、公民参与和就业、通信以及社区支持与健康服务。世卫组织就如何促进老年友好性城市提出了84项有益的建议，并将其定性为：

> 老年友好性城市通过优化健康、参与和安全的机会来鼓励积极的老龄化，以保证人们随着年龄的增长仍能维持生活质量。实际上，一个老年友好性城市会对其自身进行结构和服务的调整，以满足不同需求和能力的老年人。
>
> （WHO，2007：1）

正如通用设计和包容性设计在实践中值得提倡，老年友好性设计也是如此。对老年人有利的设计通常会使所有人受益，不论其年龄或能力如何。8—80城市运动的口号就是：“如果我们在城市中做的每件事对8岁的儿童和80岁的老年人都很友好，那么城市就会变得更美好。”正如第8章中所述，跨代游乐场设计是这一理念的最好例证；这些空间不再让成年人被动地坐在长椅上看他们的孩子或孙子玩耍，而是更多地提供适合所有年龄和能力的人的活动。然而在实践中，当代城市环境的设计通常没有考虑到老年人，他们往往“至少在公众的想象中都被城市生活边缘化了——只是在概念与字面上都不太显眼”（Handler，2014：12）。这种做法是有问题的，因为老龄化实际上会放大城市微观空间中细部特征的影响（Peace，Holland and Kellaher，2006）。

回想一下我们在城市中穿越繁忙道路的经验。要想通过斑马线，人们通常必须以每秒 1.2 米的速度行走。而在 65 岁以上的老人中，只有不到 20% 的人能走得这么快。被路缘石或破损、铺设不良的地砖绊倒也是一个非常大的威胁。跌倒占所有因伤入院和死亡的老年人人数的接近一半，因此对跌倒的恐惧可能会阻碍老年人参与社区生活（Nyman et al.，2013；Webb et al.，2017）。然而，支持一种使用者的设计功能可能会让另一群体使用不便。例如，盲道砖对于那些有视觉障碍的人来说是一种有利的和支持性的设施，但对于老年人来说却会有绊倒的危险。对于患有痴呆的老年人来说，他们的记忆力、思维和注意力都有障碍，在快节奏的城市环境中穿行往往会承受巨大压力。尽管有大量的研究记载了养老院、医院、私人住宅和感官花园的痴呆患者友好性设计原则及其最佳实践（Fleming and Purandare，2010），但针对如何设计痴呆患者友好性公共空间的研究探索却少得多。由于居家养老也意味着要在公共空间中生活，这种研究数量上的差距令人担忧。简单的设计特征，如与年龄相适应的可供性和线索、符合逻辑且清晰的街道标志、适当的刺激水平以及提供瞭望 – 庇护的安静空间，都有助于让城市公共空间对痴呆患者更加友好，并便于每个人的使用（Burton and Mitchell，2006；Mitchell et al.，2003；Barrett et al.，2019）。

当我们决定重新设计城市环境来使之更适合老年人并更具包容性时，一系列的项目、政策和产品（如第一节中的设计理论）都能提供灵感。在新加坡，“绿色人生 +”（Green Man+）计划给老年人或残障人士一个特殊的通行证，让他们在通过斑马线时可以获得额外的时间。澳大利亚的“国家厕所地图”（National Toilet Map）项目中交互式应用程序提供了全澳 19 000 多个无障碍公共厕所的信息，让有失禁问题的人以及家庭和游客在旅行时能更方便地找到厕所。科技改变了有残障者的生活。全球有超过 100 万名志愿者下载了免费的《当我的眼睛》（*Be My Eyes*）应用程序，该应用程序将他们实时地与盲人和低视力人士联系起来，帮助他们应对日常生活中的挑战（例如，区分食品标签、穿搭衣服、在繁忙的街道上导航以及确定下一辆公交车的发车时间等）。还有一些应用程序则是为了培养同理心和相互理解而设计，为我们提供一个短暂的身临其境的残障体验——著名的例子包括英国阿尔茨海默病研究中心（Alzheimer’s Research UK）的虚拟现实应用程序《与痴呆患者同行》（*A Walk Through Dementia*[1]）和互动式在线游戏《自闭》（Autisim），该游戏想让用户了解作为有感官障碍的孩子在喧闹的游乐场是一种怎样的体验。虽然任何模拟都无法完全传达真实的残障生活体验，但这些应用确实有助于提出各种假设并为设计师提供必要的感同身受的洞察力，令以使用者为中心的老年友好和包容性设计实践更加普遍。

美好的场所是对老年人友好且包容的——通过设计理论实现

以下实例说明了判断建筑和空间是否“美好”的标准是如何变化的。一个场所仅有建筑上的创新或美感已经不够了——美好的场所还必须具有包容性和老年友好的特点。这一标准在获得英国公民信托基金会塞尔温·戈德史密斯通用设计奖（United Kingdom's Civic Trust Selwyn Goldsmith Award for Universal Design）的项目中体现得最为明显。因为这些项目展示了“在为所有使用者提供无障碍方案方面的卓越表现，包括行动不便的人、有小孩的父母、有感官障碍的人以及介于这之间的所有人群”。包容性设计的美好场所也经常显示出对理论的周密考虑。

2015 年获得塞尔温·戈德史密斯奖的是伯明翰图书馆，它是欧洲最大的公共图书馆，每天有上万名访客。图书馆是一种重要的第三空间，使人们能够不论年龄、社会经济地位以及残障与否，以公民同胞的身份相互见面。这座公共建筑对所有年龄和背景的人都是开放和无障碍的，它配备了自动人行道、通往秘密花园的圆柱形电梯，还在厕所内设置了可调节高度的操作台与长凳。伯明翰无障碍委员会要求设计团队——荷兰梅卡努工作室（Mecanoo），确保空间的无障碍性。从平坦的入口、柜台较低的信息咨询处，到电梯附近易于辨认的蓝色墙壁、剧院内供轮椅出入的可移动座椅、盲文浮雕，以及供助听器使用者专用的感应手环，一系列的设计功能支持了所有不同状况的使用者。

除了通用设计的原则，伯明翰图书馆还结合了场所精神和亲自然设计理论。其精致的圆形细纹表皮外立面以大小不一的铝环相互连接来突出设计特色，圆

---

1 原文 *A Walk Though Dementia* 拼写错误，应为 *A Walk Through Dementia*。——译者注

形图案的灵感来自这个前工业城市的手工珠宝制作传统——这是一个从强烈的地方性、场所精神出发进行设计的例子。建筑内的 8 个圆形空间为整个建筑提供了自然的日光和通风，这些重复的圆环产生了阴影并反映了自然世界中的天气变化——这是一种亲自然设计的要素，同时还有植被覆盖的地面、屋顶花园露台和生动的街景。其对可持续发展的承诺体现在英国建筑研究院环境评估方法（BREEAM）优秀评级结果上——该项目在临时建筑上设置了五米高的垂直绿化。有些人批评圆形图案立面的纯装饰性和在视觉上无新意的可预测性；基德韦尔将图书馆的立面与高迪在巴塞罗那的巴洛特公寓（Casa Batlló）进行了比较，发现后者原始、异质和不规律的比例和肌理能提供更多的视觉吸引点，让观看者感到惊喜和愉悦（Keedwell，2017）。不过总的来说，伯明翰图书馆成功实践了多个设计理论，是一个充满活力、令人难忘、屡获殊荣的包容性设计空间的范例。

感官花园，为所有人提供庇护的场所

除了较大规模的建筑外，一个经常被提及的通用老年友好性设计实践典范是疗愈性的感官花园（sensory garden）。美好的场所也包括感官花园，它们通常是痴呆患者和自闭症患者的庇护场所，同时也服务于所有人。传统的展示性花园是为了让人们从远处被动地观赏；相比之下，感官花园则积极鼓励人们使用所有的感官，去触摸、嗅闻和体验美丽的花园。最早的感官花园通常是公园内的小空间，专门作为“盲人花园”。鉴于其疗愈效果，它们通常附设于医院和养老院中（Cooper-Marcus and Sachs，2013）。

日本大阪的大泉绿地公园（Oizumi Ryokuchi Park）被通用设计中心认定为通用设计原则的实践典范。这个由三宅祥介（Yoshisuke Miyake）设计的感官花园之所以成功，是因为它运用了可供性、亲自然、个人空间和瞭望－庇护的设计理论。花园设计于 1997 年，里面有多种有助于定位和寻找方向的提示。信息通过文字、标志、按钮式音频系统和盲文清晰地呈现。明确的可供性包括：以突出的装饰性柱子来标记入口；主路是一条宽阔的道路，清晰地出现在游客视线所及处；用柱子和金属导引栏杆为身体和视觉有障碍的访客指路；长椅舒适宽大且间隔适中，轮椅使用者、步行者和推婴儿车的人都可以在中间轻松通行。

在绿地中，由于道路表面有砂石等松散的材料，助行器和轮椅使用者往往无法进入。而三宅的感官花园则不同，这里的雕塑、花坛和池塘等多个设施都被特意设置在腰部高度，这意味着坐轮椅的人、儿童等灵活性较差的人或有视觉障碍“以手为眼”的人都有许多机会与植物和水互动，而不需要跪着、踮着脚或弯着身体。精心设计的分区让这个感官空间为人们提供了一个远离日常生活压力的庇护场所。

个人空间的原则和瞭望－庇护理论也在不同的活动空间中体现得淋漓尽致。在这里，人们有许多机会一起或单独坐下来，静静地、安全地欣赏花草的色彩、肌理、形状和气味，更有鸟儿和水中的鱼儿环境周围。三宅在大阪设计的另一个疗养花园——关西罗赛医院花园（Kansai Rosai Hospital Garden），最近也被研究者盛赞为将关怀融入城市空间的典范（Bates，Imrie and Kullman，2017）。

好的通用设计可以确保每个人都能积极地体验场所。就以寻路来说，虽然每个人都能依靠方向性标记来识别关键特征，但好的标识牌对痴呆患者和感官障碍者帮助更大。这些使用者群体会对不可预知的、变化的事物感到不舒服，回到蚕茧一样的庇护空间会让他们感到自在。在实用书籍《为自闭症谱系障碍设计》（*Designing for Autism Spectrum Disorders*）中，盖恩斯及其同事讨论了如何通过设置精细设计的疗愈性花园，让居住在小区中患严重自闭症的人拥有更强的行动能力以及独立活动的机会，并减少危险行为的发生（Gaines，2016）。与许多感官花园不同的是，这里选择的植物是为了有意识地减少感官信息接收，并避免一些对感官产生强烈要求的特征，如明亮的颜色、强烈的香味和突出的对比。可供性方面，明确划分的路径有利于独立寻路行为，不同的分区服务于社交活动和个人休息，尊重人们对隐私、独处及社交空间的内在需求。

正如戴维逊和亨德森所述，使用者感官上的问题往往是不可预测的，但对自闭症谱系障碍者友好的城市设计强调了喘息空间（retreat space）、宽阔的通道、低噪音和自然日光的价值，而不是公共机构空间内闪烁或嗡嗡作响的荧光灯（Davidson and Henderson，2017）。有精神压力的瑞士青少年也表达了类似的寻求庇护的愿望，他们指出了自身与城市环境间的矛盾关系——同时寻求在城市中的刺激性和匿名性，但也试图“回避城市空间产生的过度刺激，及其复杂性和混乱性”（Söderström，2017：63）。

作为范例的疗愈性户外空间以一种深入人心、慰藉精神的方式，尊重了场地场所精神、使用者独特的依恋和记忆，以及他们对瞭望–庇护和个人空间的需求。例如，除了常见的垫高的菜园外，一些痴呆患者护理花园还设有老旧的古董车，让居民享受清洗和抛光的乐趣。还有的花园则尊重了农村的传统，设置了有拖拉机、工作台和农场动物的农舍，鼓励居民进行有益健康的活动，如清扫小路、给植物浇水和在晾衣绳上晾晒衣物等。一个农村养老院甚至设有一个小型的奶牛场。

由于全球人口老龄化，老年友好性社区的设计必须在设计课程和实践中占更大的比例（Brittain et al.，2010；Shannon and Bail，2019）。养老院的机构化和突出的年龄隔离设计显然创造了一种“相异性”，使老年人孤立并与当地环境脱节。相比之下，一些当代养老院则有复合居住的特点，它们与当地社区相联系，通过将儿童保育中心、社区活动中心、电影院、游泳池、图书馆和“男人工棚”[1]（men's sheds）整合来促进社会互动（Regnier，2018；Farrelly and Deans，2014）。一些痴呆患者护理机构已经用较大的入户门取代了通往居民卧室的标准米色门，这些入户门的颜色、风格和图案各不相同，除了帮助人们定位和寻路，舒适和独特的设计还能培养他们的归属感和依恋感。此外，在楼梯上半段设置长椅座位（在一个小阳台上，可以俯瞰下面的中庭），能让居民更愿意选择楼梯而不是电梯，以此促进日常锻炼和社交互动（Regnier，2018）。

关于停车位置的实用性考虑也可以使探访老年或残障人士变得更容易，这和提供户外花园、长椅和步道、激励老年人参与户外活动等都属于瞭望–庇护和亲自然理论的实践案例（Miller et al.，2019a）。简单的设计决策有时也会面临诸多限制，澳大利亚一个养老社区的居民解释说因为没有室外水龙头，他们难以继续进行园艺活动或给阳台上的植物浇水（Miller et al.，2019b）。一些养老院根据居民不同的生活经历、兴趣和爱好，有目的地将他们安排在一起，这是优秀场所的案例，

1　“男人工棚”（men' s sheds）是一个起源于澳大利亚的非营利组织，旨在为所有男性的整体健康提供建议和改善服务。它们通常在社区运作，促进社会交往，目的是提高生活质量。——译者注

体现了如何反映和展现居民的身份和其对场所的依赖（也就是场所依恋理论）。当以循证设计理论为依据时，这些设计决策可以创造为所有人服务的美好场所。

利用设计理论创造包容性、老年友好性场所——以一个公交候车亭的方案为例

对城市规划师、设计师和建成环境专业人士来说，明确利用循证设计理论是一种创造具有包容性、无障碍性、促进所有使用者健康和幸福的场所设计方式。表 9.2 和图 9.1 以一个普遍的情景为例——公交候车亭，来说明有意结合每种设计理论能够如何得出改善设计实践的策略。很多时候，公交候车亭都是丑陋的、被忽视的，最糟糕的是，老年人和残障人士常常难以找到合适的位置。通往公共交通的道路往往很狭窄，并且维护不善、光线不足，在天黑后会很危险。公交站的长椅通常会朝向错误的方向，此外，因此使用者不得不在大雨或烈日中等待。而且，很多时候，轮椅或步行者的活动空间不足，听障人士和视觉障碍者也无法获得公交路线和时刻表信息。

图 9.1　从帕丁顿车站带有绘图让人视觉体验愉悦的座椅，到工业博物馆外材质体现工业元素的座椅，再到专门为棋牌游戏设置的桌椅。我们要创造性地重新思考公共座椅的设计，从而使其满足所有人的需求并且能促进人与人间的联系。（来源：左上，伊冯娜・米勒；右上，陆嘉宜；左下，林晖虎）

现在，花点时间想想你所在城市公交候车亭的标准设计。人们是如何使用它们的？缺少了什么？它们对残障人士和老年人友好吗？而且，最重要的是，你应该如何创造性地再设计它们，使之成为对所有人来说都更愉快、更包容和更好的场所，无论人们年龄和残障与否？表 9.2 系统性地参考第一部分中介绍的六大理论，引导人们深入考虑不同的观点，引发关于创意设计的广泛可能性、想法和方向。

表 9.2 结合理论的老年友好和包容性设计——以一个公交候车亭的方案为例

理论	老年友好、包容性设计的考虑因素	公交候车亭方案
可供性	从可供性出发有助于挑战现有的传统做法，使包容性和创造性场所重新拥有实用功能。应增加有关健康和幸福的可供性，如活动机会，这对与社会隔绝的老年人和残障人士尤其重要。	矮墙和台阶可作为非正式的座位。可在灯杆上创造性地增加可翻转的座椅，并内置充电器、按钮风扇和保温灯；可将公共汽车站改造成结合数字艺术、创意写作和游戏的场所，比如象棋或拼字游戏；可利用游戏化整合听力、视力、体力和心理健康游戏；或设置饮水器促进水分摄入。智能灯集成了运动传感器，自动延长行人过街时间，为视觉障碍者提供灯光导航，还可在公交到达时闪烁。
瞭望 – 庇护	老年人和残障人士受益于可观看和安全休息的地方，即瞭望和庇护的机会能促进出行和社会包容。可采取都市针灸的方式，考虑在公共领域扎入有创意的“针”。	应保护使用者头顶及后方（庇护），并提供远距离的视野，让人们可以观察到接近的公交车，也是视觉安全的环境（瞭望）。应确保柱子不会阻挡坐着看到公交车的视线，并结合壁龛，使垃圾箱不会阻挡行进的道路。通过贴心的长椅设计（带扶手和较高的座位），为老年人提供更多的庇护，用数字显示公交车到达、离开时间则有利于有听力障碍、痴呆或自闭症感官障碍患者。
个人空间	明确考虑个人空间的界限有助于支持各种空间偏好和不同用途。创造能够为个人和社会体验提供一系列机会的场所，对社区中较为边缘化的成员来说尤为重要。	应设有带扶手和休息的地方，以及帮助使用者保持平衡的地方，以便在繁忙的公用通道上提供个人空间和安全感。拓宽行人道，并在入口和通道处设置坡道和畅通的通道，使人人都能使用，使城市交通更加方便。安静的座椅、休息舱或“喘息空间”尊重了个人空间的界限。
地方性 / 场所精神	场所精神是放大地方特色和独特性的有力工具。随着城镇设计与建筑日益趋同，这种“曲奇饼”式的美学可能会让弱势群体使用者迷失方向和感到困惑。对老年人来说，尤其是痴呆患者，提供方向感和协助寻路的独特场所极为重要，能帮助老年人在原地养老更长时间。	公交车候车亭的设计可反映并发扬地方特色，并纪念重要的记忆和时刻。海滩附近的候车亭可采用冲浪板制式的屋顶和座椅，或者将历史或文化符号融入外墙。通往中转站的步道可设计成一条历史小径，在每个地点设置重要的标志，并鼓励当地居民在指定的长椅上分享记忆。这些可辨识、可记忆的特色，让老年人和不同精神状态者更容易在社区中行进。

续表

理论	老年友好、包容性设计的考虑因素	公交候车亭方案
场所依恋	每个人，尤其是弱势和边缘化的人，都有天生的归属感，并与当地社区有一定的联系。从场所归属感的角度思考，意味着尊重和保存城市场所的记忆。这对于老年人来说尤其重要，因为他们往往与快速变化的场所有着长达一生的联系。	以有价值的建筑或自然遗产为中心进行设计对老年居民与社区的联系会产生强大的积极影响。可围绕一棵很有价值的百年老树设计公交候车亭，或者在设计中融入古代遗迹或历史文献的景观。在学校对面的公交候车亭，可展示学校的名字、学校的照片和往届毕业生的成就，或者通过技术手段展示当地重要事件的照片。
亲自然设计	亲自然理论关注并赞颂自然及所有生物。当就近的公交站是亲自然的，会令人感到愉悦吗？想象一下，你可以停下来看鱼儿跳出水面，或者在瀑布下安静地坐着，或者在公交车站周围的花园中采摘并品尝草莓，那里也是你需要的阴凉之处。这就是亲自然设计。	雕塑的自然特征可反映在材料、图案和形式上，但要以适合残障人士和老年人的方式。亲自然设计通常会有意地融入周围的景观中，这可能会使痴呆患者更难找到它们。支持性的路标和独特的标识是关键，确保无障碍也是关键。例如，为轮椅座位留出空间，并确保坐轮椅的人可以方便地使用任何功能或看到台阶。

下一步工作

设计包容的老年友好性社区，就是要创造有吸引力的、无障碍的和令人平静的空间，使所有年龄、所有行动能力的人和残障与非残障者受益。长久以来，世界城市的设计通常都并没有考虑到残障问题。很多时候我们会发现，城市中的每一次互动都在提醒残障人士，他们和他们的身体都是“不合适的”，街道家具阻碍了视觉障碍者，台阶阻碍了轮椅使用者的行动便利（Boys，2014；Bates，Kullman and Imrie，2017）。明确使用理论风暴和循证方法有助于促进包容性的设计实践创新。设计师们必须挑战那些隐含的年龄偏见和残障歧视，引领人们走向“一个更具包容性的社会，在此每个公民，无论是否残障，都有权利有尊严地进入公共空间”（Kitchin and Law，2001：25）。只有这样，我们才能为每个人创造真正的美好场所。

注释

① 语言是有力量的。一些研究残障问题的学者倾向于使用“有残障者”（people

with disabilities）的表述，因为这将人放在了第一位。另一些学者则主张使用“残障人士”（disabled people），因为这象征了残障的社会模式（因社会原因而残障的人士）。这是一个有争议的问题，众说纷纭，本书中这两种说法都使用了。

参考文献

Auckland Design Manual. (undated). Universal Design Personas. Retrieved from http://content.aucklanddesignmanual.co.nz/designsubjects/universal_design/Documents/Universal%20De-sign%20Personas.pdf.

Barrett, P., Sharma, M. & Zeisel, J. (2019): Optimal Spaces for Those Living with Dementia: Principles and Evidence. Building Research & Information 47: 734 – 746.

Bates, C. Imrie, R. & Kullman, K. (Eds.). (2017). Care and Design: Bodies, Buildings, Cities. Chichester: Wiley Blackwell.

Bates, C., Kullman, K. & Imrie, R. (2017). Configuring the Caring City: Ownership, Healing, Openness. In C. Bates, R. Imrie & K. Kullman (Eds.), Care and Design: Bodies, Buildings, Cities. Chichester: Wiley Blackwell, 95 – 115.

Boys, J. (2014). Doing Disability Differently: An Alternative Handbook on Architecture, Dis/Ability and Designing for Everyday Life. New York: Routledge.

Brittain, K., Corner, L., Robinson, L. & Bond, J. (2010). Ageing in Place and Technologies of Place: The Lived Experience of People with Dementia in Changing Social, Physical and Technological Environments. Sociology of Health & Illness 32(2), 1 – 16.

Burton, E. & Mitchell, L. (2006). Inclusive Urban Design: Streets for Life. Oxford: Architectural Press.

Cooper–Marcus, C. & Sachs, N. A. (2013). Therapeutic Landscapes: An Evidence–Based Approach to Designing Healing Gardens and Restorative Outdoor Spaces. New York: John Wiley.

Davidson, J. & Henderson, V. (2017). The Sensory City: Autism, Design and Care. In C. Bates, R. Imrie & K. Kullman (Eds.), Care and Design: Bodies, Buildings, Cities. Chichester: Wiley Blackwell, 74 – 94.

Farrelly, L. & Deans, I. (2014). Designing for the Third Age: Architecture Redefined for a Generation of ‘Active Agers.’ New York: John Wiley & Sons.

Fleming, R. & Purandare, N. (2010). Long-Term Care for People with Dementia: Environmental Design Guidelines. International Psychogeriatrics 22(7): 1084 - 1096.

Fry, T. (2010) Design as Politics. London: Berg.

Gaines, K., Bourne, A., Pearson, M. & Kleibrink, M. (2016). Designing for Autism Spectrum Disorders. New York: Routledge.

Goldsmith, S. (1963). Designing for the Disabled: The New Paradigm. New York: Routledge.

Handler, S. (2014). An Alternative Age-Friendly Handbook (for the Socially Engaged Urban Practitioner). Manchester: University of Manchester Library.

Imrie, R. & Kullman, K. (2017). Designing with Care and Caring with Design. In C. Bates, R. Imrie & K. Kullman (Eds.), Care and Design: Bodies, Buildings, Cities. Chichester: Wiley Blackwell, 1 - 15.

Jackson, M. (2018). Models of Disability and Human Rights: Informing the Improvement of Built Environment Accessibility for People with Disability at Neighborhood Scale? Laws 7(1): 10.

Keedwell, P. (2017). Headspace: The Psychology of City Living. London: Aururm Press.

Keith, L. (1996). Encounters with Strangers: The Public's Responses to Disabled Women and How this Affects our Sense of Self. In J. Morris (Ed.), Encounters with Strangers: Feminism and Disability, London: Women's Press, 69 - 88.

Kitchin, R. & Law, R. (2001). The Socio-spatial Construction of (In)accessible Public Toilets. Urban Studies 38(2): 287 - 298.

Miller, E. (2019). Co-designing Care - a Digital Exhibition. Retrieved from https://ourcarejourney.wordpress.com

Miller, E., Buys, L, & Donoghue G. (2019a). Photovoice in aged care: What do residents value? Australasian Journal of Ageing 38(3): e93 - e97.

Miller, E., Donoghue, G., Sullivan, D. & Buys, L. (2019b). Later Life Gardening in a Retirement Community: Sites of Identity, Resilience and Creativity. In A. Goulding, B. Davenport & A. Newman (Eds.), Resilience and Ageing: Creativity and Resilience in Older People. Bristol: Policy Press, 247 - 264.

Mitchell, L., Burton, E. & Raman, S. (2004). Dementia-Friendly Cities: Designing Intelligible Neighbourhoods for Life. Journal of Urban Design 9(1): 89 - 101.

Newman, S. & SCI Photovoice Participants. (2010). Evidence-Based Advocacy: Using Photovoice to Identify Barriers and Facilitators to Community Participation after Spinal Cord Injury. Rehabilitation Nursing 35(2): 47 – 59.

Newman, S. D., Qanungo, S. & Singh, R. E. (2018) 'All Were Looking for Freedom' : A Photovoice Investigation of Assets and Challenges Affecting Health and Participation after Spinal Cord Injury in Delhi, India. Charleston, SC: Medical University of South Carolina, Center for Global Health.

NPDCC. (2009). Shut Out: The Experience of People with Disabilities and their Families in Australia. Canberra: Department of Social Services.

Nyman, S., Ballinger, C., Phillips, J. & Newton, R. (2013). Characteristics of Outdoor Falls among Older People: A Qualitative Study. BMC Geriatrics 13: 125.

Peace S., Holland, C. & Kellaher, L. (2006). Environment and Identity in Later Life: Growing Older. Maidenhead: Open University Press.

Regnier, V. (2018). Housing Design for an Increasingly Older Population: Redefining Assisted Living for the Mentally and Physically Frail. Hoboken, NJ: John Wiley & Sons.

Shannon, K. & Bail, K. (2019). Dementia-Friendly Community Initiatives: An Integrative Review. Journal of Clinical Nursing 28(11 – 12): 2035 – 2045.

Söderström, O. (2017). 'I Don't Care About Places' : The Whereabouts of Design in Mental Health Care. In C. Bates, R. Imrie & K. Kullman (Eds.), Care and Design: Bodies, Buildings, Cities. Chichester: Wiley Blackwell, 56 – 73.

Webb, E., Bell, S, Lacey, R. & Abell, J. (2017). Crossing the Road in Time: Inequalities in Older People's Walking Speeds. Journal of Transport and Health 5: 77 – 83.

WHO. (2007). Global Age-Friendly Cities: A Guide. Geneva: World Health Organization.

10 可持续设计——从根本上重新设计建成环境

可持续设计，又称环境可持续设计、环境意识设计、生态设计、绿色设计、净零设计、循环设计或净正面效益设计，是一种对物理对象和环境进行深入思考，以减少或最理想地消除对环境的负面影响的设计理念。

联合国世界环境与发展委员会（United Nations World Commission on Environment and Development）在三十多年前发表了具有里程碑意义的布伦特兰报告《我们共同的未来》（*Our Common Future*）。由挪威第一位女首相格罗·哈莱姆·布伦特兰（Gro Harlem Brundtland）主持，该报告将环境问题置于全球政治议程的最前沿，并将可持续发展定义为“既满足当代人的需求，又不损害后代人满足自身需求的能力的发展”（WCED，1987：43）。据此确定了三个基本要素：经济增长、环境保护和社会包容，即所谓的“3P”，收益（profit）、地球（planet）和人（people）。

随后，约翰·埃尔金顿（John Elkington）在1994年提出并推广了“三重底线”（triple bottom line，3BL）概念，认为组织有责任对其活动的环境（地球）和社会（人）后果进行说明，就像通常的经济影响（收益）报告一样。最近在2013年，包括格罗·哈莱姆·布伦特兰、维珍创始人理查德·布兰森爵士（Virgin Founder Sir Richard Branson）和联合利华首席执行官保罗·波尔曼（CEO of Unilever, Paul Polman）在内的一批全球政商领袖发起了“B计划倡议”（B Team initiative）。这一倡议认为，企业必须采用B计划，成为社会、环境和经济效益的推动者，而不是优先选择以经济收益为主要动机的A计划。2015年，世界各国领导人通过了联合国2030可持续发展议程（United Nations 2030 Agenda for Sustainable

Development）及其 17 项可持续发展目标——旨在改变我们的世界，为所有人创造一个更美好、更可持续的未来。在本章的后续内容中，表 10.1 将概述其中的一些目标，包括“良好的健康与幸福”“负责任的生产和消费”和“针对气候的行动”。

表 10.1　绿色建筑对联合国的可持续发展目标的贡献

可持续发展目标	绿色建筑的益处
3 健康与幸福	绿色建筑可以提高人们的健康与幸福
7 廉价的清洁能源	绿色建筑可以通过使用可再生能源来降低运作成本
8 促进就业，带来经济增长	建造绿色基础设施可以创造就业岗位，带来经济增长
9 工业，创新产业，基础设施产业	绿色建筑设计能促进创新，有助于建设能抵御气候变化的基础设施
11 可持续发展的城市及社区	绿色建筑能帮助建设可持续发展的城市及社区
12 对生产与消费负责	绿色建筑遵从循环法则，让资源不被浪费
13 应对气候变化	绿色建筑温室气体排放更少，有助于减缓气候变化
15 土地关怀	绿色建筑能够提升生物多样性，节约水资源，以此来保护森林
17 形成合作关系	通过绿色建筑的建设，人们能够形成强有力的国际合作关系

（来源：译者改编自 World Building Council）

尽管有诸多全球环境政策倡议，但正如前联合国秘书长潘基文在 2013 年所称的，实现可持续发展的过程一直是“不平衡和不充分的”。2018 年，现任秘书长安东尼奥·古特雷斯（António Guterres）进一步指出，气候变化仍然“比我们的行动更快”。他解释道，我们没有更多的时间可以浪费，“我们一天不采取行动，就意味着我们离不希望看到的命运又近了一步，而这种命运将在对人类和地球上的生命造成的损害中世代相传”。他的发言全文如下：

气候变化是我们这个时代的决定性问题，而我们正处在一个决定性的时刻。

很多时候记者问什么是我的首要任务。我总是说，我们在联合国有许多优先事项——和平与安全、人权与发展。但我要说，应对气候变化才是绝对优先的……

气候变化的速度确实比我们的反应更快，如果我们不能非常迅速地采取行动，就有可能看到不可逆转的损害，而这种损害将不可能恢复……

气候变化的影响已经对我们产生了影响，对人类和维持地球上生命的所有自然系统都造成了灾难性的后果。

就在去年，气候相关灾害造成的经济损失达到了破纪录的 3200 亿美元。

我们知道我们需要做什么。我们拥有可供支配的资源和技术。

针对气候的行动在道义上有意义，在商业上也有意义，是我们努力实现不让任何人掉队的可持续发展的基石。

那么，为什么气候变化的速度比我们快呢？

唯一可能的答案是，我们仍然缺乏强有力的领导力，来做出我们需要的果断决定，让经济和社会走上低碳增长和应对气候变化的道路……

我们能拖延的时间早就没有了。

每一天都有更多的证据表明，气候变化对地球的生存威胁越来越大。

我们一天不采取行动，就意味着我们离不希望看到的命运又近了一步，而这种命运将在对人类和地球上的生命造成的损害中世代相传。我们的命运掌握在自己手中。

让我们最终共同承诺，在为时已晚之前迎接挑战。

（联合国秘书长关于气候变化的报告，来源：Guterres，2018）

对人类和地球上的生命造成损害的包括全球温室气体排放的持续增加，导致全球平均气温升高和生物多样性丧失：自《布伦特兰报告》发表以来的 40 年中，地球上所有自然生命（哺乳动物、鸟类、鱼类、爬行动物）有 60% 已经灭绝。自 1990 年以来，全球二氧化碳的排放量增加了近 50%。政府间气候变化专门委员会（Intergovernmental Panel on Climate Change，一个由 1300 名独立科学专家组成的全球组织）得出的结论是，过去 50 年中的人类活动，特别是化石燃料消耗的增加，导致全球变暖。值得注意的是，著名的自然学家和电影制片人大卫·阿滕伯勒爵士（Sir David Attenborough）在波兰举行的2018年联合国气候变化峰会上与秘书长古特雷斯一起在开幕式上发表讲话，提醒我们世界所剩时间不多了，需要集体采取果断的行动来应对这场规模空前的全球性人为灾难："我们必须改变我们的生活方式，拯救我们的地球。"

设计师必须应对气候变化的挑战，使之成为解决方案的一部分，而不是问题。正如《如何在未来经济中蓬勃发展：今天设计世界的明天》一书的作者约翰·沙克拉（John Thackara）所指出的，设计从业者、教育者、积极分子和研究者必须做出选择：是畏缩和忽视设计决策对地球的影响，让它成为问题的一部分，还是积极让其成为解决方案的一部分？

> 设计师是否犯了谋害地球的罪行？我们周围的产品和建筑对环境的影响有80%是在设计阶段决定的……设计师有三种方式来回应对他们破坏生物圈的指控：争辩、内疚，或者成为解决方案的一部分。必须有人重新设计推动经济发展的结构、机构和流程。必须有人改变物质、能源和资源的流动。如果不加以控制，我们就会完蛋。
>
> （Thackara，2007：xvi）

激进、创新性和颠覆性的设计方法正在"转变"气候变化的方向。包括系统思维、产品生命周期和循环设计等设计理念正在挑战当前线性的"获取–制造–报废"心态。在线性经济中，一个产品被设计、制造并销售给消费者，却很少关注人们如何使用或处理这个产品。在循环经济中，大多数材料最终都会被扔进垃圾填埋场，但有些材料会被拆解和重新组装。例如，由回收废物制成的环保产品包括：由废弃塑料渔网制成的太阳镜、滑板和地毯，由智能手机屏幕制成的玻璃碗，由回收软塑料制成的户外铺装、围栏和长椅，由撕碎的轮胎制成的橡胶路面。正是在循环经济中，通过一种闭环方法，废物被重新设计。整个工业系统都有意关注恢复或再生，让产品在我们的经济中不断循环，这创造了一种循环、闭环经济，最终没有任何东西会被送往垃圾填埋场。由麦克阿瑟基金会（Ellen MacArthur Foundation）和艾迪欧公司（IDEO）在2017年世界经济论坛上推出的《循环设计指南》免费提供了一套工具、建议和案例研究，帮助企业和设计师发展创新思维和与众不同的设计——开发出有益于而非伤害地球的产品、项目和场所。

创造绿色的、可持续的、恢复性和再生性建筑

应对气候变化挑战的承诺可以从设计师和建筑师开始，以创造绿色的、可持续的、恢复性和再生性的建筑和空间为依托。传统的建筑是资源密集型的，其建造、拆除和运营所需的能源约占全球温室气体排放量的 40%。面对这个问题，设计的对策应是使建筑更适应可持续发展。正如美国绿色建筑委员会（US Green Building Council）的创始人、主席里克·费德里扎（Rick Fedrizza）所述：

> 绿色建筑运动是由一个简单而又革命性的理念推动的；我们生活于其中的建筑可以去培育而不是去伤害，可以恢复而不是消耗，可以激励而不是限制……绿色建筑的核心是让世界变得更适合居住。
>
> （Fedrizza，2013：xiii）

以下内容概述了一些关键概念、新兴趋势、高知名度或创新的项目、建筑、场所和产品，这些都是关于可持续设计的最佳实践典范，并强调了有意识地借鉴设计理论的价值。考虑到气候变化挑战的艰巨性，以及大量的、与日俱增的关于可持续设计、建筑、材料和工艺的文献，本章将重点放在设计师身上，讨论设计师为什么，以及如何将可持续因素融入实践中。

当决策者在争论最佳行动方案、市民在质疑气候科学或地方行动对全球气候变化挑战的影响时，大量的设计师已经接受了可持续设计的机遇和挑战。这些设计师受到众多明确量化建成环境绩效的全球认证体系的指导。例如美国的能源与环境设计先锋认证（Leadership in Energy and Environmental Design，LEED）和可持续场地认证（SITES）、英国的建筑研究院环境评估方法（BREEAM）的绿色建筑认证，以及澳大利亚的绿星（Green Star）评级系统。

这些认证体系提供了严格的对照表和打分方法，从全球（排放、场地、土地）、地方（水、能源、交通、邻里发展）和建筑尺度（室内性能、室内设计、材料、供应商、管理、住户健康和绩效）等多个方面量化建筑和场地对环境的影响（Gou and Xie，2017）。不断变化的气候表明我们必须重新建构将绿色建筑作为生活中心的方式，世界绿色建筑委员会（World Green Building Council，WGBG）作为一个全球性的绿色建筑理事会网络，于2018年9月推出了他们的“净零碳建筑承诺”（Net Zero Carbon Buildings Commitment），要求企业、组织、城市、州和地区在2030年之前实现其业务的净零碳排放。值得注意的是，世界绿色建筑委员会认为加快采用绿色建筑是实现许多联合国可持续发展目标的手段之一。

将建筑设计成资源节约型和环境友好型，实现零能耗、零水耗和零废弃物，是实现可持续发展的关键第一步。但这就够了吗？虽然比“一切照旧”要好，但目前的可持续发展建筑评估系统很少考虑社会影响或对当地整体环境的影响。许多设计师认为，绩效的基准相对保守，严格遵守对照表实际上限制了设计的创新性。然而，在过去的十年里，出现了一个重要的范式转变，即转向具有恢复性的可持续。有趣的是，这种恢复性方法有多种形式，从创造“不那么坏”的建筑（狭隘地关注建筑能源绩效）到提倡更广泛的“更好”的方法，主动扭转之前造成的破坏，旨在为后代创造积极（而不是中性或负面）的环境足迹。

可持续设计的新趋势

许多当代设计理论家认为，应对气候变化需要设计师在设计城市的方式上进行颠覆性的改变。威廉·麦克唐纳（William McDonough）、贾尼斯·伯克兰（Janis Birkeland）、马丁·布朗（Martin Brown）和多米尼克·赫斯（Dominique Hes）等作者的批判性著作认为，设计师必须减少建筑、产品或场所的环境影响，并积极地对建筑或空间的建设和运营投入更多关注。可持续发展的论述已经从“一切照旧”转向绿色、净零，现在又转向净正面效益、恢复性和再生性等概念。正如欧盟RESTORE（REthinking Sustainability TOwards a Regenerative Economy）项目和许多其他倡议中所提倡的，目前我们不能止步于“少做坏事”，而是必须“多做善事”。篇幅限制了对这些文献的深入讨论，但绿色和可再生设计已经成为当前实践的重要组成部分——人们的注意力转向了那些棘手的、未解决的问题。例如，如何为了可持续发展改造现有的建成环境，并让建成环境开发商和设计专业人员以及更广泛的社区成员充分参与到可持续发展的工作中来（Dixon，Connaughton and Green，2018；Miller and Buys，2008；Miller，2018）。从 2008 年克林顿气候变化倡议的“节能建筑改造计划”（Energy Efficiency Building Retrofit Program）到迪赞（Dezeen）的“坏世界的好设计”（Good Design for a Bad World）系列项目，无数具有可持续发展意识的设计师、政策制定者和消费者都在倡导积极地改变建成环境。

当代场所、产品和空间的最佳实践正积极地恢复环境（例如，生产比使用更多的能源），同时也为居住者和当地社区做出社会贡献。它们通常会使用第 7 章中讨论的健康本源设计原则。例如，“生命建筑挑战”（Living Building Challenge，LBC）鼓励设计师创造“付出大于收获”的生命建筑（International Living Future Institute，2014）。LBC 是建成环境最严格的绩效标准，其最终目标是创造一个可再生的建成环境，并对与之互动的自然和人类系统产生积极影响。LBC 将七种绩效领域（场地、水、能源、健康与幸福、材料、公平和美观）比喻为“花之七瓣”，其鼓舞人心的使命是“引领和支持向社会公正、文化丰富和生态恢复的社区转变”。

LBC 的“公平花瓣”有民主和社会正义的要求，旨在“改变发展方式，以培育真正包容的社区意识，无论个人的背景、年龄、阶级、种族、性别或性取向如何，都是公正和公平的”。不论是提供食物的社区花园、社区会议空间、“男人工棚”、运动绿地、户外社区电影设施、水资源循环利用的互动标志，还是简单地将当地的历史和记忆融入设计，恢复性设计都指向了更广泛的“社会公益”目标。正如 B 计划倡议团队所言，“在失败的工作场所和社区中，企业无法发展壮大，就像在失败的地球上无法取得成功一样”。同样，仅仅设计一个与当地环境隔离而运作的可持续建筑是不够的，它必须以一种更积极的方式与场地和环境相联系。

例如，位于芬彻奇街 20 号的伦敦最高的公共空间空中花园（Skygarden）。虽然这是一座环保的可持续建筑，但批评者认为，这座与众不同的“对讲机”建筑对周围环境没有任何意义。提供一个“公园”是允许这座商业摩天大楼建在保护区边缘的一个重要理由。但要想进入这个公园，人们必须至少提前三天在网上预订，带着身份证排队，接受机场式的安检，然后乘坐拥挤的电梯来到一个略显逊色的三层花园——虽然这里拥有绝佳的视野。就像维尔汀将空中花园称为不平等的象征一样（Wilding，2015），它对边缘和弱势群体是否有真正的无障碍性也值得人们怀疑。在线预订过程限制了社区中最边缘化的人群——那些没有接入互联网的人。而对于人口较多的家庭来说，参观也是一种挑战，每个成年人最多只能带三个孩子，而且不允许外带食物和饮料。如建筑评论家罗文·摩尔（Rowan Moore）强调的那样，这个地方并不是一个公园。而且，虽然该建筑因其可持续发展的资质而获得了 BREEAM 认证，但是否会获得 LBC 的“公平花瓣”也令人怀疑。正如维尔汀所言，它其实是一个让人们分隔开的地方：

> 作为一个公园，这里不是成年人或孩子们可以遛狗、慢跑、野餐、在池塘里划水、玩秋千、踢球、堆雪人或晒太阳的地方。它有 9000 平方英尺的绿地，相当于一座非常宽敞的房子，但它确实算不上公园。
>
> （Moore，2015）

为恢复性、再生性和可持续性而设计意味着同时采用“三重底线”、生命周期思维和循环设计的观点，而所有这些都建立在生物仿生学、“从摇篮到摇篮”以及对更广泛的社会影响加以考量的基础上。这意味着，实践中有关气候变化意识的最佳设计也纳入了循证设计理论的要素，正如下面的示例。

理论视角下的可持续设计

表 10.2 以屋顶绿化为例，概述了在设计实践中明确考虑设计理论的价值。屋顶绿化是一个很有趣的例子，好的屋顶在促进社会公正的同时，也具有很强的环境可持续的潜力。正如表 10.2 所示，明确采用“理论”思考帽是一种策略，它鼓励在设计过程中进行创造性的、发散性的思考，无论是设计一幢建筑、一处景观还是一个屋顶绿化。

亲自然设计与可持续再生设计的交叉

如表 10.2 与图 10.1 所示，采用可持续的设计思路就是要批判性地思考。例如，

表 10.2 将设计理论融入可持续、再生的设计——以一个屋顶绿化方案为例

关键理论	可持续设计的考虑因素	屋顶绿化方案
可供性	可持续的可供性应将可持续行为充分融入日常活动中。明确的可持续线索有助于最大限度地发挥建筑或场所的积极影响，即可持续的特征和决策具有更广泛的社会或道德效益。	将屋顶绿化作为公共空间，或许是社区花园、商业或娱乐空间，是长期的战略——除了缓解热岛效应，屋顶绿化还可以培育社区感、促进体育活动（健康本源设计）和社会互动，从而帮助解决社会隔离。
瞭望－庇护	以“瞭望－庇护”的心态对待可持续设计，即应确保提供优质的空间，让人们可以轻松地观察活动区域，获得安全感和控制感。	在屋顶绿化上，充足视野、宽敞和带自然光之处都促进了瞭望。庇护则是提供舒适和维护良好的“喘息空间”，比如舒适的小窝和角落，让人们可以安全地观察他人。
个人空间	在可持续设计中，应保留个人空间的界限，以及提供社会互动的空间，这是一个明确的考虑因素。	在屋顶绿化中使用户外家具，以及视觉和听觉分区来支持个人和社会的需要。应进行明确的分区，将社会活动（园艺或小型高尔夫）与个人独处、静修和放松的空间分开。
地方性／场所精神	场所精神促进了可持续性，因为它鼓励乡土建筑——设计立足于当地环境，并对当地居民独特的历史、地形、气候、建筑材料、习俗和价值观做出回应。在可持续发展的设计实践中，场所精神往往意味着接受当地的建筑方法和材料。植物的选择也应该适合当地的区域环境。	当地乡土资源通常是更可持续的选择，从而减少了货物长途运输所带来的能源消耗，其风格也往往更符合文化设计审美。同时也应考虑当地的环境背景，如老年人群是否需要游戏区或“男人工棚”？最好的屋顶绿化会在历史、地理和社会文化特征方面回应独特的场所感。
场所依恋	精心的设计选择有助于吸引人们，并培养他们的场所依恋。由于场所依恋通常是随着时间的推移而形成的，最好的可持续设计应反映当地的价值观、文化和记忆，更容易唤起和巩固联系。在可持续设计中，虽然场所依恋通常并不是一个明确的设计考虑因素，但将其融入设计有助于更好地吸引广泛的公众。	可鼓励当地居民“合作消费”，例如，可提供社区花园或社区中心（举行社区会议、提供共享的工具图书馆或交换书籍）。交互式的信息和标志牌也可以传达场地历史的关键要素，以及有关可持续性目标的活动和过程。
亲自然设计	亲自然的原则在可持续设计中占有重要地位。垂直绿化和花园可以创造出一种富有视觉冲击力的美感；当代实践应强调触觉设计，可直接将人们与自然的舒缓体验联系起来。	通过纳入与动物和自然景观的互动（例如，确保从走道和窗户可以看到鸟类、昆虫、鱼类和其他动物），并注重自然光、植被、垂直绿化、自然纹理和材料，所以最大限度地增加亲自然联系。

图 10.1　根据可持续与亲自然设计思路，屋顶绿化应当结合社交等游憩机会。（来源：陆嘉宜）

在传统建筑施工过程中使用的围板和脚手架可以很容易地被教育展板或垂直绿化所取代。除了让人们远离工地，这些围板还可以展示教育性的历史信息图像，或者成为临时的垂直绿化。以草、花和水果为特色的绿色脚手架改善了视觉上的市貌，有助于防止破坏和涂鸦，并可能减少噪音和空气污染。从个人空间和瞭望－庇护理论出发，会出现许多美观的场所（如新加坡屋顶酒吧上的茶座），而从亲自然设计出发则可以观照新加坡的许多建筑。

当谈到为可持续发展而设计时，在绿色、可持续和再生建筑的工具包中，亲自然（设计结合自然，见第 6 章）的理论概念常常出现。例如，LBC 的“健康花瓣”就明确提出“亲自然要求”。这一点在匹兹堡的菲普斯温室植物园（Phipps Conservatory and Botanical Gardens）中得到了体现，其设计通过使用无毒材料、净正面能源和净零废弃物的模块化教室，挑战了对学习空间的重新定义。其自然实验室经 LBC 认证过，是一个带来灵感的地方。这里有自然采光、通风、由再生木制成的家具和大型植物墙，而乡土的雨水花园则为野生动物提供了食物和栖息地。雨水箱就在教室内，学生可以听到收集雨水的声音，还可以打开水箱监测水位。在瓢虫屋学生们则可以了解害虫的综合管理，而教室里的观察蜂箱则让他们可以安全地接触到蜜蜂。设计师认为，这些近距离的、难得的互动，“让人陶醉，鼓舞人心”，并创造了一个培育“灵感、教养和美的空间”。

温哥华范杜森植物园游客中心（VanDusen Botanical Garden Visitor Centre）是加拿大最具可持续性的建筑之一。作为 LEED 的铂金认证项目，该游客中心是加拿大第一个申请并获得 LBC 之瓣的建筑，并在 2014 年被世界建筑新闻评为年度最可持续建筑。该游客中心通过使用在地的可再生资源，包括地热井、太阳能光伏板和太阳能热水管来管理热能需求，实现净零能耗。雨水则从建筑外收集，经过过滤后作为洗涤用水，其他产品则根据其碳足迹、回收能力和各自生命周期进行选择。除了可持续发展资质外，让这座建筑出类拔萃的是它的亲自然设计。

2018 年，它获得了国际生活未来研究所的第二届凯勒特亲自然设计奖，该奖项旨在表彰那些放大人与自然联系并近似自然的亲自然建筑。下面引用的评委寄语也证实了利用亲自然理论创造可持续、再生设计的价值。游客中心的视觉外观、体验和形式的灵感来自不列颠哥伦比亚省的一种本土兰花。借鉴自然系统和有机形式，建筑主要由木头建造，拥有“起伏的屋顶绿化”，其花瓣“漂浮在夯土和混凝土墙体之上”。屋顶的“花瓣”在中央可操作的玻璃天窗处汇聚，其设计灵感来自生物仿生学——白蚁丘的自然气候控制机制。该天窗为中庭空间提供了自然光，也作为太阳能风道协助自然通风，为建筑降温。建筑的屋顶绿化特意吸引和支持乡土动物在此栖息，并与地面相连，使所有生物，从蝴蝶到郊狼，都能进入屋顶生态系统。

> 这座建筑给人以极致的多感官体验，从中央天窗的自然上升气流到材料的触觉品质、闪耀的阳光和柔和的漫射，再到自然的芳香和声音。该建筑采用了雨水收集技术，将被动式太阳能储存起来用于供暖，并引入自然通风，就像真正的自然一样。
>
> 通过建筑环境丰富的自然模式和过程来愉悦感官，范杜森植物园游

客中心的成功最为明显地体现在其所创造的人与自然关系的进化上——体现了秩序和复杂性、瞭望－庇护的空间，使带着敬畏和灵性前来拜访加拿大国宝的游客增加了三倍。

场所精神与可持续的再生设计

与可持续的恢复和再生思维过程相辅相成的是地方性理论，或称场所精神。从本质上讲，地方性理论提醒我们，设计美好场所关键的第一步是尊重和颂扬这一场所的独特特征。以奥斯陆机场（Oslo Airport）最近的扩建和再设计为例，该机场策略性地利用了被动式太阳能，并在整个建筑中使用了回收的木材和钢材，以及包括自然热能在内的低碳技术。但最独特的地方特色是，将雪储存在库中，在夏季作为冷却剂使用。大量积雪的问题被转化为一种资产和重新定义设计的特征。这些设计的创新使其能源使用量减少了 50%，成为有史以来第一个获得 BREEAM 可持续发展优秀评级的机场。其建筑工程也是符合可持续发展要求的，91% 的废弃物都得到了再利用。该设计由诺迪克建筑事务所（Nordic Office of Architecture）设计，获得了 2017 年世界建筑网的可持续建筑奖。通过巧妙布局，从登机口到出发口的步行距离只有 500 米，这一设计特点照顾了家庭、老年人、残障人士和疲惫的商旅人士。不过，如果能更多地考虑使用者的需求，可能会让设计更上一层楼。例如，2017 年，香农机场（Shannon Airport）开设了欧洲第一个感官室，其中昏暗的灯光、平静的视觉和舒适的坐垫都为患有自闭症和感官障碍的孩子们提供了一个舒缓的喘息之地，让他们能远离繁忙机场的活动。

奥斯陆机场创新性地利用了雪这一自然资源，而西澳大利亚州的瓦伦巴老年中心（Walumba Elders Centre）则因地制宜，利用了炎热的气候和乡土文化——土著遗产。在一场洪水导致社区 300 人流离失所后，艾尔戴尔·彼得森·胡克建筑事务所（Iredale Pedersen Hook Architects）与当地护理院工作人员以及老年土著吉加（Giga）人合作，共同设计了一个老年护理设施。该中心荣获 2015 年世界建筑节健康类最佳建筑和澳大利亚可持续发展奖最佳奖，下面引用的评委会寄语强调了该设计的真正价值——它尊重地方性并与之对话，而不仅仅是考虑环境和经济；其精心的设计体现了重要的文化考虑因素，包括性别分离、可进入的公共和私人户外空间、能够举行带火和烟的仪式，以及有目的地种植灌木草药和用于烟熏仪式的植物；其颜色和形式也包含了独特的地方性，例如场所精神的物理类型，如山丘和河流景观，并尊重当地居民的场所依恋，融入了更为广泛的历史和社会文化考虑。该老年护理设施特意选址在学校附近，以确保老年人可以经常方便地与青少年接触，使文化知识得以传承：

> 这座建筑把所有重要的事情都做得非常好，这是可持续发展理念的缩影。它不仅在环境中适当地存在并响应了气候设计，而且对不同人群复杂的文化需求做出了明确的回应。设计师对人和地方的理解使建筑尊重了景观和文化，而不是将这些强加于人。抬高的楼面不仅仅起到通风的作用，在炎热的月份它们也在地面上提供了纳凉的区域。在这里，各个年龄段的人都可以聚集在一起，坐下来进行“社区互动”。下雨的时候，水是值得庆祝并充满特色的，而不是被当作麻烦并由下水管排走。
>
> （Architecture and Design，2015）

当地方性理论与可持续发展互动时，印度尼西亚的微型图书馆（Microlibrary）计划诞生了，它是2018年太平洋独立奖（Indo-Pacific INDIE award[1]）最具影响力奖的得主。微型图书馆的目的是通过好的建筑来促进文字学习，重新点燃人们对书籍的兴趣，并为当地提供一个专门的阅读空间。2016年，在万隆建造了两座微型图书馆，每座微型图书馆的设计都独具匠心，以回应当地的发展潜力、热带气候和社区需求，而且项目的预算和建设成本都较低。其中一个微型图书馆由2000个塑料发泡桶建成，以此来促进采光、通风和视线通透。通过两面翻转，塑料发泡桶拼出了“buku adalah jendela dunia”（译为“书籍是通往世界的窗口”），这个信息反复在图书馆周边出现。图书馆通过外部遮阳和交叉通风排出湿气，采用被动式的气候策略来提供充足的日光，因此在白天不需要人工照明。虽然这个小型项目不太可能满足大规模可持续发展奖项的评奖标准，但它是草根设计主义

1 原文 Indi-Pacific INDIE award 拼写错误，应为 Indo-Pacific INDIE award。——译者注

（grassroots design activism）的典范。它传递出的信息非常简单：无论是价值数百万美元的设计示范项目还是较小的地方性项目，在考虑可持续发展要求的同时都应该考虑设计理论——例如，亲自然理论或场所精神，这种做法值得被推广。

从根本上重新设计建成环境

可持续设计必须要成为核心指导原则，而不是一个可有可无的附加项。从三重底线理论、"从摇篮到摇篮理论"到循环设计，或净正面效益方法，已有广泛的工具、原则和指导方针可用于引导创新的、生态友好的设计决策。越来越多富有灵感的设计师正在积极地接受可持续设计理念并突破传统界限。要想向可持续发展的世界不断前进，设计师需要不断地、彻底地重新思考产品、建筑、空间和场所的设计与使用。如果我们发明、设计、建造和制造的每一个事物都能为我们的地球服务（而不是只成为一个螺丝钉），那么我们的世界和未来就会变得截然不同。设计，通过深思熟虑的决策和创新的思维，以及相关的理论，可以成为积极应对气候变化的强大力量。作为设计师，我们必须提高对循环经济、净正面效益和再生设计方法的认识并加以积极推广。我们的未来依赖于此。

参考文献

Architecture and Design (2015). Walumba Elders Centre by Iredale Pedersen Hook Architects Wins 2015 Sustainability Awards – Multi-Density Residential Prize. Retrieved from www.architectureanddesign.com.au/projects/multi-residential/walumba-elders-centre-by-iredale-pedersen-hook-arc

Dixon, T., Connaughton, J. & Green, S. (2018). Understanding and Shaping Sustainable Futures in the Built Environment to 2010. In T. Dixon, J. Connaughton & S. Green (Eds.), Sustainable Futures in the Built Environment to 2050: A Foresight Approach to Construction and Development. Hoboken NJ: Wiley Blackwell, 339 – 364.

Fedrizza, R. (2013). Forward. In R. Guenther & G. Vittori (Eds.), Sustainable Healthcare Architecture (2nd edition). Hoboken, NJ: Wiley & Sons, p. xiii.

Gou, Z. & Xie, X. (2017). Evolving Green Building: Triple Bottom Line or Regenerative Design?

Journal of Cleaner Production 153: 600 – 660.

Guterres, A. (2018). Remarks at High–Level Event on Climate Change. September 26. Retrieved from www.un.org/sg/en/content/sg/speeches/2018–09–26/remarks–high–level–event–climate–change (accessed July 30, 2019).

International Living Future Institute. (2014). Living Building Challenge 3.0: A Visionary Path to a Regenerative Future. Retrieved from https://living–future.org/wp–content/uploads/2016/12/Living–Building–Challenge–3.0–Standard.pdf.

Miller, E. (2018). ‘My Hobby is Global Warming and Peak Oil’: Sustainability as Serious Leisure. World Leisure Journal 60(3): 209 – 220.

Miller, E. & Buys, L. (2008). Retrofitting Commercial Office Buildings for Sustainability: Tenants’ Perspectives. Journal of Property Investment and Finance 26(6): 552 – 561.

Moore, R.(2015). Walkie Talkie Review – Bloated, Inelegant, Thuggish. The Guardian (January 4). Retrieved from www.theguardian.com/artanddesign/2015/jan/04/20–fenchurch–street–walkie–talkie–review–rowan–moore–sky–garden

Thackara, J. (2007). Forward. In J. Chapman & N. Gant (Eds.), Designers, Visionaries and other Stories: A Collection of Sustainable Design Essays. London: Earthscan, xii – xvi.

WCED. (1987). Our Common Future. Oxford: Oxford University Press.

Wilding, M. (2015). London’s New ‘Sky Garden’ Is a Symbol of Inequality. Retrieved from www.vice.com/en_au/article/dpwmdk/londons–sky–garden–public–space–192

结论：通过理论风暴创造美好场所

在本书中我们一直强调，为了创造美好的场所，设计师必须结合循证研究和理论。受爱德华·德·波诺（Edward de Bono）的思考帽理论启发，我们提出了一个新的方法——理论风暴，并设想了其未来应用的愿景。在这个方法中，设计师通过多种理论的视角，共同思考一个项目或设计决策。正如设计思维、设计制作和未来思维已经成为标准的设计工具一样，我们对理论风暴也有类似的期待。试想一下，如果设计师能积极地应用可供性之帽、瞭望－庇护之帽或亲自然之帽并参与其中——无论是个人还是团体都会产生新的观察、见解和想法，从而实现理论思考的变革，创造可能性。使用多种理论视角直面设计挑战，将促进灵感和创造力的产生，有利于从人类的健康与幸福出发得出更有效的城市设计方案。

以全新方式制定健康政策和设计

创造能够促进人类健康与幸福的美好场所需要挑战传统的做法，并对新的做法持开放态度。不妨思考一下，如果你控制了国家医疗保健系统，你会怎么做。在有限的预算下，你会优先考虑哪些举措和改变？为什么？你会优先考虑创造美好的场所吗？

英国国家医疗服务体系（National Health Service，NHS）就正在采取行动。NHS 与公共卫生局合作，正准备在全英范围内创建十个“健康新镇”作为示范点。从 2016 年开始，这些城镇合计将建造约 7.6 万套新房供 17 万居民居住。打造优质场所对健康预防政策及其实践越来越重要。英国国家医疗服务体系首席执行官解释说，如果错过了“通过设计让人们远离肥胖并获得健康与幸福”的机会，他们会“严厉地自责”（NHS England，2016）。

设计已是现在公共卫生领域讨论的一个重点，这在2018年牛津大学公共研讨会引人注目的标题中就有所体现，“设计健康社区是对承受过多压力的国家医疗服务体系的正确回应吗？”答案当然是肯定的。“健康新镇”计划从一开始就关注健康环境，重点关注了棕地和绿地。这些开发项目将包括痴呆患者友好性街道；创建虚拟护理院，利用技术让医疗服务更方便快捷；指定无快餐区，并将普通的城市街道转变为具有冒险乐趣的街道，在孩子们步行上学的过程中融入运动和趣味（Siddique，2016）等。这些前卫的想法体现了设计师们的一种共识：对于人们面临的许多公共健康挑战，从社会隔离到肥胖，再到气候变化和人口快速老龄化，其解决的关键都在于重新设计我们的建成环境。

作为设计师，结合理论是我们的道德义务

当决策者开始接受用设计来应对种种急迫问题时，设计师则有道德义务确保所给出的答案是有据可循的，还应以深刻的理论理解为基础。正如我们在本书中所论证的，适当地结合设计理论和证据可以积极地改变日常生活，创造出令人们健康与幸福的美好场所。设计师必须确保他们提出的设计措施是最合适的。

限制循证设计的一个因素是，依照灵感来设计的观念目前仍然占据着主导地位。著名建筑理论家尤哈尼·帕拉斯玛担心以知识研究为导向的设计方法可能会限制创造力，钝化设计师的想象力、洞察力和创新能力。帕拉斯玛认为，历史上的设计天才如古希腊人或米开朗琪罗、达·芬奇等，他们都表现出对材料、形式、结构、细节、尺度、形象、方向、气候和场所的深刻直觉、体验和理解——在没有“工具化研究”提供参考的情况下，这些天才作为“会思考和感觉的生命”仍然设计出了伟大的作品，而不仅仅是“知识性问题的解决者”（Pallasmaa，2017：148–149）。

但值得注意的是，这些设计天才们往往通过细致的观察、深刻的自我反省和详尽的实验，进行了许多第一手的实证研究。例如，米开朗琪罗的解剖学知识是通过认真研究、解剖尸体和进行实验获得的，他制作肌肉模具来理解和验证其形

状和形态（Eknoyan，2000）。加泰罗尼亚建筑师安托尼·高迪（Antoni Gaudi）制作了一个倒立的圣家族大教堂模型来测试他的结构理论，并在一家精神病院请病人作为测试者测试了他为盖尔公园（Park Guell）所做的创新性设计。建筑师阿尔瓦·阿尔托（Alvar Aalto）则以他的非线性设计方法（深刻反思、亲身参与以及对不同材料的创造性实验）而著称（Pallasmaa，2009；Burgen，2011）。从根本上来说，对这些设计天才的工作实践进行再探索，是在提醒我们创造伟大的场所需要我们付出承诺、坚定意愿和对终身学习实践的热情，其中包括对理论的兴趣和深入了解。

重新定义设计技能，成为富有经验的理论家和极具创意的艺术家

设计既是一门艺术，又是一门科学。直觉性的同理心、反复的非线性设计思维，以及创造性的头脑风暴——“啊哈时刻”（ah ha moment）[1] 永远应是设计过程中关键的组成部分。我们很少有人像米开朗琪罗一样具有卓绝的天赋、创造力和远见，所以当代设计实践需要以证据和理论为基础。解决 21 世纪前所未有的城市化程度和高密度的生活、气候变化、人口增长和老龄化、疾病率飙升等问题，需要一种新的思维、规划和设计方式，即将理论和循证方法置于设计过程的中心。

设计决策有力地塑造了城市生活，并与我们的健康与幸福密切相关。因此，就像医学专业已经从单纯的实践中发展出强大的科学知识基础一样，设计实践也必须发展出循证的思维。在本书中，我们研究了一系列经典的设计理论、概念、研究以及现实世界中的实际案例，有针对性地涵盖了国际上的设计理论（例如，新加坡、意大利和荷兰的亲自然设计，加拿大和澳大利亚的可持续建筑，以及中国的场所精神如何指导高标准的适应性再利用项目），也包括了不同时期的（例如，从伯明翰图书馆的通用设计，到为自闭症和痴呆患者提供的小规模感官花园）；以及不同尺度与范畴的（例如，重新探讨如何利用循证设计理论来帮助改进公交

1 “啊哈时刻”（ah ha moment）又叫爽点、顿悟时刻、尤里卡效应，最早由德国心理学家卡尔布勒在 100 多年前提出。当时的定义是：一种特殊的、愉悦的体验，突然对之前不明朗的某个局面产生深入的认识。现在一般用在经济领域，表示对产品价值的首次明确认知而带来的愉悦。——译者注

站亭、屋顶绿化和整个交通系统的设计）的案例。

更重要的是，通过引入理论风暴，本书中的想法对于所有设计教育者、研究者、实践者和学生来说都具有借鉴和参考意义，而这些人恰恰都在努力创造美好的场所。

我们希望本书能开启一场新的对话，让设计师们公开讨论理论以及前沿的研究结果。我们还倡导向循证设计支撑的设计实践过渡，这种设计强调信息获得的过程和针对性决策。如果要积极地塑造城市生活，就必须尊重设计的变革性力量，并从艺术和科学中汲取灵感，创造出真正促进人们健康与幸福的场所。

只有这样，我们才能创造出让所有人都生气蓬勃的美好场所。

参考文献

Burgen, S. (2011). Gaudí May Have Used Psychiatric Hospital to Test Designs. Retrieved on 20 February 2019 from www.theguardian.com/world/2011/aug/12/gaudi-psychiatric-hospital-test-designs.

Eknoyan, G. (2000). Michelangelo: Art, Anatomy, and the Kidney. Kidney International 57(3): 1190 - 1201.

NHS England. (2016). NHS Chief Announces Plan to Support Ten Healthy New Towns. Retrieved from www.england.nhs.uk/2016/03/hlthy-new-towns.

Pallasmaa, J. (2009). The Thinking Hand: Embodied and Existential Wisdom in Architecture. Chichester: John Wiley & Sons.

Pallasmaa, J. (2017). Empathy, Design and Care - Intention, Knowledge and Intuition: The Example of Alvar Aalto. In C. Bates, R. Imrie & K. Kullman (Eds), Care and Design: Bodies, Buildings, Cities. Chichester: John Wiley & Sons, 138 - 154.

Siddique, H. (2016). Ten New 'Healthy' Towns to be Built in England. Retrieved from www.theguardian.com/society/2016/mar/01/ten-new-healthy-towns-to-be-built-in-england.

致　谢

首先，我们要感谢家人、朋友和同事，感谢他们对我们写这本书的理解和支持。我们尤其要感谢写作指导兼编辑卡琳·戈纳诺（Karyn Gonano）的宝贵贡献——她的支持、鼓励和指导于我们而言是无价之宝。其次，本科生阿玛·海尤·马尔祖基（Ama Hayyu Marzuki）和费利西蒂·布鲁斯（Felicity Bruce）作为QUT假期研究实验计划（QUT Vacation Research Experience Scheme）的参与者，为本书的一些内容绘图并设计了版式——也谢谢两位。最后，感谢来自世界各地的设计实践、研究人员和社区成员为我们提供设计灵感和允许我们使用他们的一些图片——我们感谢你们的慷慨。

图书在版编目（CIP）数据

创造美好场所：以健康与幸福为导向的循证城市设计 / （澳）德布拉·弗兰德斯·库欣，（新西兰）伊冯娜·米勒著；邵钰涵，殷雨婷译 . -- 上海：同济大学出版社，2022.8

（景观理论译丛 / 邵钰涵主编；2）

书名原文 : Creating Great Places:Evidence-based Urban Design for Health and Wellbeing

ISBN 978-7-5765-0265-7

Ⅰ . ①创… Ⅱ . ①德… ②伊… ③邵… ④殷… Ⅲ . ①城市规划—建筑设计 Ⅳ . ① TU984

中国版本图书馆 CIP 数据核字（2022）第 113050 号

创造美好场所：以健康与幸福为导向的循证城市设计

Creating Great Places: Evidence-based Urban Design for Health and Wellbeing

[澳] 德布拉·弗兰德斯·库欣（Debra Flanders Cushing）
[新西兰] 伊冯娜·米勒（Evonne Miller） **著**

邵钰涵　殷雨婷　**译**

策划编辑：孙　彬　　　责任编辑：孙　彬
责任校对：徐春莲　　　封面设计：完　颖
版式设计：朱丹天

出版发行：同济大学出版社
地　　址：上海市杨浦区四平路 1239 号
电　　话：021-65985622
邮政编码：200092
网　　址：www.tongjipress.com.cn
经　　销：全国各地新华书店
印　　刷：常熟市华顺印刷有限公司
开　　本：710mm × 1000mm　1/16
印　　张：11.25
字　　数：225 000
版　　次：2022 年 8 月第 1 版
印　　次：2022 年 8 月第 1 次印刷
书　　号：ISBN 978-7-5765-0265-7
定　　价：78.00 元